Schablonen-
malerei

nach alten Vorlagen

Schablonen-malerei
nach alten Vorlagen

Mit 70 Arts & Crafts-Motiven für Wände, Holz und Textilien

Mary MacCarthy

Christian Verlag

Übersetzung: Dr. Eva Dempewolf für GAIA Text, München
Satz und Produktion: GAIA Text, München
Umschlaggestaltung: Schlotterer & Partner, München

Die Originalausgabe mit dem Titel *The Arts & Crafts Stencil Book* wurde erstmals 1996 im Verlag Collins & Brown Limited, London, veröffentlicht

Design: Carol McCleeve
Fotos: Lucinda Symons
Styling: Lucy Elworthy
Illustrationen: Coral Mula

Druck und Bindung: New Interlitho, Mailand
Printed in Italy

ISBN 3-88472-333-2

HINWEIS

Alle Informationen und Hinweise, die in diesem Buch enthalten sind, wurden vom Autor nach bestem Wissen erarbeitet und von ihm und dem Verlag mit größtmöglicher Sorgfalt überprüft. Unter Berücksichtigung des Produkthaftungsrechts müssen wir allerdings darauf hinweisen, daß inhaltliche Fehler oder Auslassungen nicht völlig auszuschließen sind. Für etwaige fehlerhafte Angaben können Autor, Verlag und Verlagsmitarbeiter keinerlei Verpflichtung und Haftung übernehmen.

Korrekturhinweise sind jederzeit willkommen und werden gerne berücksichtigt.

INHALT

EINFÜHRUNG

Zu meinen schönsten Kindheitserinnerungen zählt ein wuchtiger Sessel mit hoher Lehne, in dem ich es mir oft mit einem Buch gemütlich machte. Weil ich mich dabei mucksmäuschenstill verhielt, merkte kein Mensch, daß ich da war, und der Stuhl schien mir wie mein großer Beschützer. Er war mit einem Wollstoff mit eingewebten Vögeln, Blättern und Blüten bezogen, der auf einem Entwurf von William Morris basierte (später erfuhr ich, daß das Muster *The Bird* hieß). Ein anderer, ähnlicher Lehnstuhl trug einen Bezug aus leicht verschossener roter Baumwolle, auf der sich Hasen und Drosseln zwischen dichten Blättern verbargen – es war Morris' Design *Brother Rabbit* (rechts). Außerdem gab es in meinem Elternhaus eine Reihe von wunderschön bebilderten Büchern. Besonders faszinierte mich ein Band mit alten englischen Märchen, und ich habe ganze Tage damit verbracht, die Illustrationen von Walter Crane, einem Mitbegründer der Arts-and-Crafts-Bewegung, abzuzeichnen. All diese Motive, die schon damals meine Phantasie beflügelten, sind später in meine eigene Arbeit eingeflossen.

Morris' Brother Rabbit *ist eine meiner ersten Kindheitserinnerungen – das Muster zierte einen behäbigen Lehnsessel bei uns zu Hause. In diesem Buch habe ich das Hasenmotiv aufgegriffen und für eine Gartenbank verwendet (gegenüber).*

Anfang der sechziger Jahre besuchte ich erstmals den William Morris Room im Victoria & Albert Museum in London, und hier fiel mir auf, welch ungeheuren Einfluß Morris auf die Welt des Designs ausgeübt hat. Kaum zu glauben, daß ein einzelner Mensch derart vielseitig arbeiten kann. Später, auf der Camberwell School of Art & Design, erfuhr ich dann, daß Morris nicht nur Entwürfe für Tapeten, Dekostoffe und Gläser gefertigt, sondern sich auch als Schriftsteller für den Sozialismus engagiert hatte. Die Erkenntnis, daß Kreativität so vielgestaltig zum Ausdruck kommen kann, hat mein Leben nicht unwesentlich beeinflußt.

Das Arts and Crafts Movement

Mit der Zeit entdeckte ich weitere Mitglieder des Arts and Crafts Movement: neben Walter Crane auch William de Morgan, William Burges und Charles Voysey. William Morris war der Kopf der Bewegung, die ihren Namen von der Arts and Crafts Exhibition Society herleitete, der er bis zu seinem Tode eng verbunden blieb. Die erste Ausstellung dieser Gesellschaft fand 1888 statt, doch ist der eigentliche Beginn der Bewegung bereits ein Vierteljahrhundert früher anzusetzen, als Morris, gerade 27 Jahre alt, zusammen mit dem Architekten Philip Webb, dem Designer Ford Madox Brown, dem Maler Edward Burne-Jones und einigen anderen die kunstgewerblichen Werkstätten Morris, Marshall, Faulkner & Co gründete. 1875 wurde das Unternehmen umstrukturiert und in Morris & Co umbenannt – für Morris und seine Freunde blieb es jedoch zeitlebens einfach »The Firm«, die Firma, die übrigens noch bis 1940, 44 Jahre nach William Morris' Tod, weiterbestand.

Die Firma übernahm Aufträge für Möbel, Gläser, handbemalte Kacheln und Wandgemälde sowie die Ausstattung ganzer Räume und Wohnungen. Ende der 1860er Jahre wurden Dekorationsstoffe zuerst nur bedruckt, ab Anfang der 1870er Jahre dann auch gewebt. Später kamen Teppiche, Stickmuster und Gobelins hinzu. (Die berühmten Tapeten wurden in der Firma entworfen, aber auswärts gedruckt.)

Alle Arts-and-Crafts-Künstler verband eine tiefe Abneigung gegen die sinn- und zwecklose Ornamentik der Viktorianer. Sie vertraten die Ansicht, daß Design auf Material und Funktion abgestimmt sein müsse, und wollten ein Gegengewicht zu der rein profitorientierten industriellen Warenproduktion schaffen, die damals den britischen Markt zu beherrschen begann. In ihren Augen repräsentierte das Mittelalter mit seinen Handwerksgilden das Goldene Zeitalter des Kunsthandwerks, weshalb man die Rückkehr zur Werktreue und Schlichtheit dieser Epoche propagierte. Das Kunsthandwerk sollte allen Bevölkerungsschichten den Zugang zur Kunst ermöglichen, und so formulierte die Bewegung ihr Ziel in der Wiederbelebung der natürlichen Einheit aus Form, Funktion und Dekoration – aus Kunst (Art) und Handwerk (Craft).

Malen mit Schablonen

Das künstlerische Potential der Schablonenmalerei entdeckte ich 1970 bei meinem ersten Aufenthalt in den USA. Ich studierte unzählige traditionelle frühamerikanische Schablonendekors, die mich durch ihren naiven Charme bezauberten. (Diese Schlichtheit wird nur allzuoft lieblos wiedergegeben, weshalb moderne Schablonen oft plump und klobig wirken.)

Nach meiner Rückkehr nach England begann ich Wände, Decken, Fußböden und Möbel mittels Schablonen mit zarten und doch ungemein dekorativen Mustern zu schmücken. Ich erkannte die ungeheuren Möglichkeiten dieser Technik, die harte Kanten und Ecken weicher gestalten und einem Raum eine völlig neue, einheitliche Dimension verleihen kann. Ein weiterer Vorteil besteht darin, daß sie nicht auf eine Stilrichtung beschränkt ist, sondern sich für luxuriöse Stadtwohnungen ebenso eignet wie für ein schlichtes, rustikal möbliertes Haus auf dem Lande.

Entwürfe des Arts and Crafts Movement

Ständig auf der Suche nach Inspirationen für neue Dekors, kehrte ich bald zu den Designern der Arts-and-Crafts-Bewegung zurück. Philip Webbs bezaubernde Decke im William Morris Room des Londoner Victoria & Albert Museum zog mich ganz und gar in ihren Bann. Obwohl die Arbeit mit Schablonen nicht zu den Haupthandwerkszweigen der Bewegung gehörte, setzten viele Arts-and-Crafts-Designer sie doch immer wieder ein. Morris selbst befaßte sich intensiv mit mittelalterlichen Schabloniertechniken und ließ sich sogar in seinem Haus in Kent eine Zimmerdecke damit dekorieren.

Bald fiel mir auf, daß sich auch viele andere Arts-and-Crafts-Muster – von Dekostoffen bis hin zu Kachelmotiven – zum Schablonieren eignen. Die kraft- und schwungvolle Linienführung dieser Ornamente – besonders in Morris' *Willow Bough* (Weidenzweig) und *Daisy* (Gänseblümchen), de Morgans Kacheln und Burges' Möbeln – schien wie geschaffen für meine Entwürfe, und ich fing an, sie zu integrieren.

Viele Farbschattierungen stammen aus der Palette des Arts and Crafts Movement. Dazu gehören sanfte Grün- und Blautöne ebenso wie warmes Braun, zarte Gelbnuancen und Cremeweiß.

Der Originalstoff von Morris' Brother Rabbit *(siehe vorhergehende Seite) wurde sowohl in dem kräftigen Rot als auch in dem Indigoblau gedruckt, die ich beide für die Gartenbank (Seite 112) gewählt habe.*

William Morris' außergewöhnliches Talent für zweidimensionale Dekors ist einer der Gründe, warum sich seine stilisierten, zugleich aber überraschend natürlichen Muster heute größerer Beliebtheit erfreuen denn je. So ornamentreich viele seiner Entwürfe sein mögen – überladen sind sie nie.

Auf der Suche nach Inspiration

Morris verbrachte viel Zeit im South Kensington (dem heutigen Victoria & Albert) Museum, in dem er sich bei mittelalterlichen Buchmalereien, spanischen Stoffen, türkischen Kacheln u. ä. Anregungen holte. Obwohl er die Ansicht vertrat, das Kunsthandwerk habe seinen Zenit bereits im Mittelalter überschritten, ließ er sich doch wesentlich von italienischen Textilien des 15., 16. und 17. Jahrhunderts sowie persischen und türkischen Mustern beeinflussen. Auch eine Reihe anderer Arts-and-Crafts-Künstler suchte in persischen, islamischen und vor allem mittelalterlichen Entwürfen Inspiration.

In erster Linie bezog William Morris seine Ideen jedoch aus der Natur. Allerdings suchte er dazu nicht die damals so überaus populären tropischen Treibhäuser mit ihren exotischen Gewächsen auf, sondern beschränkte sich auf die Vögel und Pflanzen, die er zu Hause im eigenen Garten beobachten konnte. »Natur und Geschichte seien eure Lehrmeister«, riet er, und obwohl seine Muster stets eine streng formelle Struktur zeigten, waren die Motive doch immer naturbetont und enthielten Raum für spontanes Wachstum. »Jeder Strich muß so gezogen sein, daß sich an seinem Ende die Möglichkeit auf Fortsetzung anbietet«, lehrte er. Diese Fähigkeit, aus natürlichen Formen komplexe und wunderbar ausgewogene Muster zu kreieren, ohne ihnen dabei ihre Natürlichkeit zu rauben, ist der größte Reiz von Morris' Werk.

Sanfte und doch leuchtende Farben

Auch der elegante und zugleich raffiniert-phantasievolle Einsatz von Farben hat mich an Morris' Entwürfen von Anfang

Das schimmernde Rotbraun dieser Kachel, eines Entwurfs von William de Morgan, illustriert sehr schön den charakteristischen metallischen Glanz der Lüsterfayence. De Morgan, der diese antike Handwerkstechnik wiederbelebte, führte viele Aufträge für Morris' Firma aus. Seine Kacheln bildeten das keramische Gegenstück zu Morris' Stoffen und Tapeten.

an fasziniert. Da die Originalkolorierung für den heutigen Geschmack zu gedämpft wirkt, habe ich zwar die zarten Töne beibehalten, dem Ganzen aber durch kräftige Hintergrundfarben mehr Lebhaftigkeit verliehen. Ich gebe frischen, satten Farben immer den Vorzug vor verschwommenen Tönen.

Bei der Farbwahl für seine gewebten und bedruckten Textilien wandte Morris ausgesprochen viel Mühe auf und studierte antike Färbetechniken und den Umgang mit Naturfarben. In Zusammenarbeit mit Thomas Wardle, dem namhaftesten britischen Färber seiner Zeit, wählte er vor allem natürliche Pigmente – Indigo und Waid für Blau, Krapp, Koschenille und Kermes für Rot, Wau für Gelb sowie Walnußschalen und -wurzeln für ein dunkles Braun –, die er wie Grundfarben zu sanften, aber doch lebhaften Tönen mischte.

Farbwahl

Heute steht uns die Farbskala der Arts-and-Crafts-Künstler zur Verfügung, ohne daß wir Wurzeln ausgraben oder Insekten verreiben müssen. Die zu Morris' Zeiten neu entdeckten künstlichen Farbstoffe waren knallig und grell, doch die moderne Chemie bietet uns alle nur denkbaren subtilen Farbabstufungen. Wachsendes Interesse an historischer Authentizität und den Farben fremder Kulturen haben unsere Palette bereichert und die Farbenhersteller bewogen, der Nachfrage entsprechend eine wunderbare Vielfalt auf den Markt zu bringen.

Wir haben die Möglichkeit, die Vorteile beider Epochen – der damaligen Zeit und der Moderne – zu nutzen: Je nach Lust und Laune steht es uns offen, die Arts-and-Crafts-Farben präzise aufzugreifen und nachzuahmen oder eine völlig andere Palette zu wählen und beispielsweise kräftige und leuchtende Mittelmeerfarben das Bild bestimmen zu lassen. William Morris wäre von der Breite des Spektrums, das uns heute zur Verfügung steht, sicherlich begeistert gewesen und hätte mit großer Wahrscheinlichkeit auch davon Gebrauch gemacht.

Die Farben für die im Buch vorgestellten Projekte finden Sie in der jeweiligen Arbeitsanleitung. Selbstverständlich steht es Ihnen frei, vollkommen andere Farbkombinationen zu wählen und die Fläche ganz nach Ihrem Geschmack – und dem jeweiligen Ambiente – zu gestalten. Ja, ich möchte Sie dazu animieren, eigene Ideen in die Schablonierarbeit einfließen zu lassen. Nichts anderes habe auch ich getan, als ich die Muster des Arts and Crafts Movement für meine Entwürfe verwendet habe, und auch Morris selbst sah es nicht anders. Er ließ sich von besonders schönen alten Vorlagen inspirieren, kopierte diese jedoch nicht, sondern schuf daraus eigene Muster, die Gegenwart und Zukunft um einen Hauch des Vergangenen bereichern sollten. In seinen eigenen Worten: »Studieren wir es weise, und lassen wir uns davon belehren und anregen, ohne es jedoch zu imitieren oder zu wiederholen. Von Kunst ist uns nämlich nur dann zu sprechen erlaubt, wenn wir etwas Eigenes geschaffen haben.«

Auswahl der Muster

Für Schablonierarbeiten bietet das Arts and Crafts Movement eine Fülle von Vorlagen. Nur wenige Mitglieder dieser Bewegung beschränkten sich auf einen Stoff – die meisten arbeiteten sowohl auf Papier, Holz und Glas als auch mit Textilien, Teppichen und Keramiken. Es liegt wohl daran, daß sich ihre Designideen so wunderbar zum Schablonieren eignen.

Sobald Sie einige Vorschläge aus diesem Buch nachgearbeitet haben, werden Sie sicherlich Lust bekommen, andere Arts-and-Crafts-Muster als Grundlage für weitere, eigene Projekte zu verwenden. Das Aufgreifen bereits existierender Ornamente ist der schnellste und einfachste Weg, die eigene Kreativitiät zu aktivieren.

Viele Arts-and-Crafts-Designer zeigen eine Vorliebe für bestimmte Motive – etwa die dekorativen, fiederförmig gekerbten Akanthusblätter (zum Beispiel im Voysey-Wandteppich, Seite 13) und das Gänseblümchen *(Daisy)*. William Morris entdeckte das Gänseblümchenmotiv in einer mittelalterlichen Handschriftenillumination und verwendete es schon sehr früh für seine Tapetenentwürfe. Seine Frau Janey bestickte damit einen Wandbehang, den Sie in ähnlicher Form nacharbeiten können (Seite 50). Außerdem erscheinen die zarten Blüten auf William de Morgans Kacheln sowie in zahlreichen Illustrationen und Tapeten von Walter Crane. Für mein Wandschirmdesign (Seite 54) habe ich zum Beispiel ein Crane-Gänseblümchen (Seite 11) herausgegriffen. Schon

Die Schablone für die Halbgardine (Seite 72) basiert auf de Morgans Entwurf für eine rote Lüsterkachel (siehe gegenüberliegende Seite). Obwohl Untergrund und Farbgestaltung stark voneinander abweichen, ist die Ähnlichkeit des Dessins doch unverkennbar. Manche Muster lassen sich fast unverändert übernehmen und wirken auf einem anderen Material und in einem anderen Kontext doch gänzlich neu.

durch eine andere Oberfläche und eine geringfügige Abänderung des Motivs erzielen Sie einen völlig anderen Eindruck. Ihnen ist ein eigenes, individuelles Kunstwerk gelungen.

Auch das Weidenzweigmotiv zieht sich quer durch Morris' Arbeiten und findet sich darüber hinaus in zahlreichen Illustrationen Cranes und auf de Morgans Keramiken. Die zarte, geschmeidig-biegsame Weidenrute fügt sich wunderbar zu sich verschlingenden Ornamenten voll innerer Dynamik. Als Tapete in harmonisch gediegenen Tönen sorgt Morris' Motiv *Willow Bough* (Weidenzweig) bei dem unten abgebildeten Schlafzimmer für harmonisch fließende Rhythmik, wie sie die Weide selbst symbolisiert. Auf dem Couchtisch (Seite 42), den ich in Anlehnung an diese Vorlage entworfen habe, steht das Motiv ebenso im Vordergrund wie in Morris' Design.

Das Flair des Originals

Halten Sie sich bei der Suche nach passenden Vorlagen an Dekors, die gleichzeitig schlicht und auffällig sind. Ideen begegnen Ihnen überall: ein Stück Teppichbordüre, eine Tapete oder ein Möbelstück. Überlegen Sie, ob Sie ein fortlaufendes Rapportdesign, frei kombinierbare Muster oder ein Einzelmotiv aufbringen wollen. Bei der Gestaltung von floralen Ornamenten bietet es sich an, Blätter und Triebe einzuarbeiten, die dem Ganzen Dynamik verleihen. Steht das Hauptdekor fest, geht es darum, überflüssige Details zu eliminieren und gleichzeitig die Hauptstrukturlinien zu verstärken. Erst dann haben Sie eine Vorlage, mit der sich arbeiten läßt.

Fühlen Sie sich nicht verpflichtet, nur komplette Motive zu übernehmen. In manchen Fällen (etwa bei sehr komplexen Vorlagen) gewinnt das Dekor sogar, wenn Sie nur einen Teil der Vorlage kopieren. Bestimmen Sie zunächst, was Sie an dem Design besonders anspricht – Farbe, Motiv oder was auch immer. Greifen Sie dieses Element heraus und verwenden Sie es allein. Dieser freie Zugang macht viel Spaß und fördert die Kreativität, ohne daß das Flair des Originals verlorengeht.

Mir hat die Bordüre eines Morris-Teppichs so gut gefallen, daß ich sie in den Wandbehang (Seite 50) eingearbeitet habe. Ähnlich war es bei dem Stachelschwein auf William Burges' wunderschönem Schrank, das ich einfach herauskopieren mußte. Es paßt meiner Meinung nach hervorragend als

WEIDENZWEIG

*Der geschwungene Weidenzweig (*Willow Bough; *links) zählt zu den beliebtesten und wohl auch bekanntesten Motiven von William Morris. Er setzte ihn vor allem bei Tapeten und Dekostoffen ein. Form und Farbe machen das Dekor zu einer idealen Schabloniervorlage. Mich hat es zur Bemalung eines Couchtisches inspiriert (Seite 42).*

GÄNSEBLÜMCHEN

Das Gänseblümchen (Daisy) *ist ein beliebtes Motiv der Arts-and-Crafts-Künstler. Die Abbildung links zeigt einen Ausschnitt aus einer 1875/76 gedruckten Tapete von Walter Crane. Sie trägt den Namen* La Margarete. *Cranes Gänseblümchen basiert auf einem Motiv von William Morris und diente auch mir als Vorlage für die schablonierten Blumenmuster auf dem Wandbehang (Seite 50).*

Zierleiste auf einen Fensterladen oder ein Rollo – in diesem Buch habe ich es für eine Gartenbank (Seite 112) verwendet.

Sollte eine Schablone für die gewünschte Oberfläche zu wuchtig oder zu winzig erscheinen, können Sie sie problemlos verkleinern oder vergrößern. Achten Sie aber darauf, daß die Proportionen stimmen – das Dekor darf im Verhältnis zum umgebenden Raum und dem gewählten Objekt, das Sie dekorieren wollen, weder überwältigend groß wirken noch verschwinden. Das Blattmotiv von Seite 12 und 36 etwa stammt ursprünglich aus einer Zierleiste in Walter Cranes Liederbuch *Pan Pipes* (Seite 12) und wurde drei- bis vierfach vergrößert.

Ein anderes Beispiel ist die rote Lüsterkachel von de Morgan (Seite 8), die mich zu dem Dekor für den Halbvorhang auf Seite 72 anregte. Besonders gefallen hat mir daran, daß das Motiv absolut zeitlos wirkt. Die Proportionen stimmten, und ich vergrößerte und übertrug es auf ein anderes Material, wobei ich auch die Farben zum Zimmer passend abänderte. Und trotzdem, finde ich, ist der ursprüngliche Reiz erhalten geblieben. Entsprechend habe ich auch für das Kachelmuster auf Seite 76 Philip Webbs winzige Schwäne und Zweige vergrößert, die nun jeweils eine Fliese schmücken.

Unbegrenzte Möglichkeiten

Nach Motiven der Arts-and-Crafts-Bewegung zu arbeiten macht auch deshalb so viel Spaß, weil man allein schon durch den Einsatz anderer Materialien ein völlig neues Design erhalten kann. Tagesdecke, Wandbehang, Badezimmermatte und einige andere Objekte in diesem Buch ähneln den Gegenständen, für die die entsprechenden Motive ursprünglich entworfen wurden; bei anderen Arbeitsanleitungen weichen die Vorlagen dagegen ganz wesentlich von unserem Verwendungszweck ab. Das Muster für den Pflanzenkübel zum Beispiel habe ich einem Buntglasfenster abgeschaut, das Motiv für den Gartenkorb stammt aus einer Teppichbordüre, und die Schablone für den Regiestuhl ist einem Kacheldekor nachempfunden. Was zählt, ist ganz allein das Design, nicht aber dessen Herkunft.

Um ein optimales Ergebnis zu erzielen, betrachten Sie als erstes das zu dekorierende Objekt und dessen Umgebung. Als nächstes gilt es, ein in den Proportionen passendes Motiv zu finden. Und zuletzt müssen Sie die richtigen Farben wählen. Ziel ist es, ein einheitliches Objekt zu schaffen, bei dem die Verzierung nicht aufgesetzt wirkt, sondern den ursprünglichen Charakter des Gegenstandes unterstreicht.

JASMIN

Die sanften Farben und fließenden Linien einer Walter-Crane-Bordüre haben mich zu der schablonierten Zierborte (rechts) inspiriert. Die Schmuckleiste umrahmt eine von Cranes Illustrationen für Pan Pipes *(oben), ein 1883 erschienenes Buch mit alten Volksliedern. Für die Jasminbordüre (Seite 38) habe ich das winzige Muster mehrfach vergrößert und bei Tapete, Fenstersitzbank und Vorhangblende angewendet.*

Das Skizzenbuch

Die Ideen für meine Schablonenmotive halte ich immer zuerst in einem Skizzenbuch fest, in dem ich dann auch erste Entwürfe für konkrete Objekte aufzeichne. Außerdem eignet sich so ein Büchlein wunderbar für Notizen (zum Beispiel Maße) und zum Ausprobieren verschiedener Farbkombinationen. In meinem Skizzenbuch (Foto gegenüberliegende Seite) sehen Sie einige Experimentierstadien zu dem Kacheldekor *Schwan und Zweig* und für die Badezimmermatte (Seite 98), die auf einem Teppich von Charles Voysey, einem der bedeutendsten Designer seiner Zeit, basiert. Hier habe ich mich eng an die Vorlage angelehnt (den Teppich sehen Sie rechts) und sowohl das Muster als auch die Farben übernommen. Einige Elemente aus dem Dekor habe ich dann zur Verzierung des Badezimmerschränkchens herausgegriffen, das im selben Stil gehalten, aber durch Dessinwiederholung vereinfacht ist.

Das Ziermuster des Voysey-Teppichs ist ein Beispiel für die dekorative florale Üppigkeit der Arts-and-Crafts-Bewegung, die aber auch weniger reich verzierte Dekors kennt, die gerade durch ihre Schlichtheit bestechen. Ein schönes Beispiel dafür ist das ebenfalls von Voysey entworfene Muster eines Schäfers *(Green Pastures)*, das meinem Gartenkorb (Seite 117) zugrunde liegt. Die Arts-and-Crafts-Künstler sahen darin keinen Widerspruch, da beide Zugänge zur Kunst der freien Gestaltungskraft des Kunsthandwerkers entsprangen.

Mich persönlich reizt einerseits die Herausforderung eines komplexen Designs, bei dem eine geometrische Randborte ein ruhigeres Zentralmotiv umgibt. Dies ist bei der Anrichte auf Seite 62 der Fall. Andererseits wirkt kaum etwas dekorativer als ein schlichtes Einzeldekor an der rechten Stelle.

Schablonenmotive für Ihr Zuhause

Bei der Gestaltung ihrer eigenen Häuser sowie der ihrer Auftraggeber ging es William Morris und seinen Kollegen in erster Linie darum, ein einheitliches Gesamtbild zu kreieren und sich nicht in verschiedenen Einzelmotiven zu verlieren. Dieses Prinzip hat auch heute noch Gültigkeit. Schablonendekorationen sollen bereits Vorhandenes verschönern, ohne aufdringlich zu wirken. Planen Sie Ihr Vorhaben also sehr sorgfältig. Rechnen Sie sich die Größe der Schablone aus,

Mein Skizzenbuch enthält Entwürfe, Maße, Zeichnungen und verschiedene Farbvarianten für sämtliche Ideen in diesem Buch. Das Foto (rechts) zeigt die ersten Studien zu der Kachelbordüre (Seite 76), der Badmatte und dem Badschränkchen (Seite 98). Die Matte – ein Beispiel, bei dem ich nur sehr geringe Veränderungen vornahm – basiert auf dem unten abgebildeten Voysey-Teppich.

stimmen Sie die Farben auf die bereits vorhandene Einrichtung ab – und widerstehen Sie der Versuchung, sämtliche freien Flächen zu dekorieren: Wenige wohlüberlegt plazierte Ornamente wirken edler und nachhaltiger als ein mit Mustern und Farben überladener Raum.

Halten Sie sich an das Vorbild der Arts-and-Crafts-Designer, die kraftvolle, klare Muster bevorzugten. Ihnen ging es darum, »die Würde der Kunst auf gewöhnliche Gegenstände des täglichen Gebrauchs zu übertragen« – ein Zitat von William Morris. Von ihm stammt übrigens auch der bekannte Ausspruch: »Alle Dinge, die man im Haus hat, sollen entweder nützlich oder einfach schön sein.«

Sinn für das Material

Morris und seine Kollegen waren der Überzeugung, daß Kunsthandwerker gegenüber Designern, die ihre Entwürfe nicht eigenhändig realisierten, eindeutig im Vorteil waren: Denn nur sie wußten aus eigener Erfahrung um die Möglichkeiten und Grenzen des Materials. Morris legte jedem Künstler nahe, sich auch selber einmal die Hände schmutzig zu machen (er selbst hatte – zur Erheiterung seiner Freunde und Bekannten – während der Experimentierphase mit Indigotönen stets blaue Hände). Er riet jedem, die einem bestimmten Material eigenen Grenzen nicht als Beschränkung anzusehen, sondern sich daran zu vergnügen. Und das bezieht sich nicht nur auf den Untergrund (Holz, Papier, Keramik o. ä.), den man verzieren möchte, sondern auch auf die Farben und die Schablonen.

Nachdem er Morris einmal beim Entwurf eines Dekors beobachtet hatte, notierte der Architekt W. R. Lethaby: »Die Formen ... wurden mit sanftem Strich aufs Papier gebracht, so liebkosend im Ausdruck, als streichle er eine Katze ... Dieses sinnliche Vergnügen pflegte er mit der Bemerkung zu beschreiben, daß jedes gute Design aus dem Bauch komme.«

Morris und seine Arts-and-Crafts-Kollegen wußten um die Freude und Befriedigung eigenhändigen Gestaltens – gleichgültig ob bei der Arbeit am Webstuhl, in der Glasmanufaktur oder beim Schablonieren. Ich hoffe sehr, daß es mir mit diesem Buch gelingt, dieses Vergnügen auch in Ihnen zu wecken.

Arbeitsgeräte und Materialien

Pinsel: Wählen Sie hochwertige Schablonierpinsel, die sich weich anfühlen. Sie können sie auch selber herstellen, indem Sie von einem dicken Rundpinsel die Spitze abschneiden. Für die meisten Arbeiten reichen vier bis sechs Pinsel – für jede Farbe einen und in unterschiedlichen Größen. Außerdem brauchen Sie einen feinen Künstlerpinsel oder einen Strichziehpinsel, ein oder zwei Malerpinsel für den Hintergrund sowie einen Lackpinsel. (Anstelle von Pinseln können Sie zum Schablonieren und für interessante Hintergrundstrukturen auch Schwämme verwenden – siehe Seite 22).

Farben: Die meisten Entwürfe in diesem Buch sind mit Acrylfarben (auf Wasserbasis) gestaltet, die rasch trocknen und trocken sehr widerstandsfähig und wasserfest sind. Sie werden direkt aus der Tube verarbeitet (siehe Seite 20) und lassen sich mit anderen Farben auf Wasserbasis mischen. Am häufigsten brauchen Sie Umbra natur, Siena natur, Karmesinrot, Paynesgrau und Weiß. Weitere öfter vorkommende Töne sind Neapelgelb, Oxidrot, Veronesergrün, Ultramarinblau, Kobaltblau und Coelinblau. Dispersionsfarben und historische Farben (natürliche Farbpigmente) eignen sich für größere, einfache Schablonenmuster. Besorgen Sie sich Probetöpfchen, wenn Sie nur wenig Farbe benötigen. Für die Gestaltung von Textilien empfehle ich Stoffmalfarben (siehe Seite 16). Plakatfarben trocknen ebenfalls rasch und halten auch der Witterung stand. Manche Leute verwenden zum Schablonieren auch Sprühfarben, mit denen ich aber nicht gerne arbeite. Künstler-Ölfarben eignen sich zur Schablonenmalerei nicht, da sie kleben und extrem langsam trocknen.

Malmittel: Für eine Reihe der im Buch vorgestellten Arbeiten benötigen Sie Malmittel (Acryl- oder Textilmedium). Ein oder zwei Tropfen davon unter die Farbe auf Ihrer Palette gemischt, geben mehr Geschmeidigkeit und Glanz, ohne die Farbe flüssiger zu machen. Bei Textilien beugt das Medium außerdem dem Abspringen der Farbe vor. Wenn Sie bei heißem Wetter mit Acrylfarben arbeiten, empfiehlt sich die Zugabe eines Retarders (Trocknungsverzögerers).

Schablonen: Ich fertige meine Schablonen aus beschichtetem dünnem Karton. Er ist rutschfest, gut zu schneiden und haltbar. Als Alternative bietet sich Acetat (Kunststoff-Folie) an, das durchsichtig ist. Dies kann beim Aufzeichnen des Motivs und auch beim Schablonieren von Vorteil sein. Auch Acetatschablonen sind langlebig, aber schwierig zuzuschneiden.

Weitere Werkzeuge: Geben Sie die Farben mit Hilfe eines Palettenmessers auf einen Pappteller. Zeichnen Sie die Schablonen mit einem Zeichenstift oder einem feinen, wasserfesten Filzschreiber. Zum Markieren der meisten Oberflächen eignen sich Bleistifte, für Textilien jedoch Schneiderkreide, die ausgebürstet werden kann. Schneiden Sie die Schablonen mit einem scharfen Cutter (Schneidemesser) auf einer rutschsicheren Schneideunterlage oder einem dicken Karton zu. Zum Ausmessen und Markieren von Wänden brauchen Sie ein metallenes Maßband, eine Wasserwaage und ein Lot. Auf anderen Oberflächen genügen zum Linienziehen ausreichend lange Lineale. Ein Zeichendreieck erleichtert die Gestaltung der Ecken. Nicht benötigte Schablonenteile decken Sie mit Kreppband ab, das die Schablone auch während der Arbeit an Ort und Stelle hält und sich leicht wieder abziehen läßt.

Oberflächen

In diesem Buch werden hauptsächlich Ideen vorgestellt, bei denen Sie auf Holz, Putz, Stoff oder Papier arbeiten – Oberflächen, die sich gut zum Schablonieren eignen. Auf nicht absorbierenden Flächen wie glasierter Keramik und Glas haftet die Farbe schlechter und verwischt leichter.

Vorbereitung: Die Oberfläche muß sauber, glatt und frei von fetthaltigen Lacken und Lasuren sein. Ist sie bemalt, muß die Farbe unter Umständen mit feiner Stahlwolle etwas aufgerauht werden. Natürlich können bei entsprechender Vorsicht auch glänzende Flächen schabloniert werden. Wählen Sie für Wände eine matte Grundierung oder Dispersionsfarbe – beide auf Wasserbasis –, für Holz dagegen eine leicht glänzende Grundierung auf Ölbasis.

STOFFE

Sie können fast jeden Stoff mit Schablonenmalerei schmücken. Am besten absorbieren Naturfasern die Farbe: glatte Baumwolle (oben und rechts), Voile (zweiter von oben), Segeltuch (Mitte) und Chintz (zweiter von rechts) sowie Musselin, Leinen, Seide, Wolle, Popeline und Satin.

Tünchen/Beizen: Die leicht ungleichmäßige Färbung von getünchten Wänden oder »gekalktem« bzw. gebeiztem Holz macht sich als Hintergrund für Schablonenmalerei recht gut.

Versiegeln: Nach dem Auftragen einer Dispersionsfarbe schützt man die zu dekorierende Fläche vor dem Schablonieren mit einer matten Einlaßgrundierung auf Wasserbasis (am besten im Fachgeschäft beraten lassen).

Lackieren: Oberflächen, die abwaschbar sein sollen oder stark strapaziert werden, müssen nach dem Schablonieren mit Lack versiegelt werden. Verwenden Sie für wasserlösliche Farben einen Acryl- oder Polyurethanlack. Polyurethanlacke schützen besonders gut, trocknen jedoch langsam und vergilben mit der Zeit, während Acryllacke weniger widerstandsfähig sind, dafür aber rasch trocknen und nicht vergilben.

Textilien: Bevor Sie mit der Schablonenmalerei beginnen, muß der zu bedruckende Stoff glatt gespannt und an den Ekken fixiert werden. Benutzen Sie Acrylfarben, gemischt mit Malmittel, oder Stoffmalfarben. Je nach Farbart vertragen die bedruckten Stoffe nach dem Fixieren mit einem heißen Bügeleisen unter Umständen sogar eine Maschinenwäsche.

HOLZ

Kiefernholz kann im natürlichen (links) oder »gekalkten« bzw. gebeizten (Mitte) Zustand schabloniert werden, wobei die Maserung erhalten bleibt. Auch eine deckend einfarbig gestrichene Holzfläche (rechts) läßt sich bedrucken.

Klarlack schützt bemalte Oberflächen und bringt die Farben zum Leuchten. Tragen Sie den Lack mit dem Pinsel auf und vermeiden Sie möglichst Staubeinschlüsse. Lassen Sie jede Lackschicht gut durchtrocknen und rauhen Sie sie mit feinem Sandpapier oder mit Stahlwolle leicht auf. Erst danach die nächste Schicht auftragen.

Wägen Sie ab, welcher Hintergrund sich am besten für das gewählte Schabloniermotiv eignet. Manche Farben verstärken einander in ihrer Wirkung, während sich andere schlichtweg beißen. Häufig kommt ein schabloniertes Ornament erst auf dem richtigen Untergrund voll zur Geltung. Getünchte Wände (Beispiel links) erhalten zunächst einen Grundanstrich mit weißer oder leicht abgetönter Dispersionsfarbe, die kreuz und quer mit dem Pinsel aufgetragen wird. Ist der Anstrich trocken, wird eine leicht getönte Dispersionsfarbe (zum Beispiel Blaßgelb oder ein sehr helles Coelinblau) mit Wasser verdünnt und, wie beim ersten Anstrich, nacheinander zweimal darübergetüncht. Viele Leute kommen mit Lammfell- oder Schaumstoffwalzen besser zurecht als mit einem richtigen Malerpinsel. Erkundigen Sie sich im Fachhandel.

Schablonen anfertigen

Falls die Vorlage für Ihre Schablone bereits die richtige Größe hat, brauchen Sie sie nur abzuzeichnen und das Motiv auf den Karton zu übertragen. Verwenden Sie transparenten Kunststoff (Acetat), können Sie das Dessin sogar direkt mit einem feinen, wasserfesten Filzschreiber durchpausen.

HILFSSCHABLONE

Manchmal lassen sich die ausgeschnittenen Schablonenteile sogar selbst als Hilfsschablonen weiterverwenden. Zum Beispiel könnten Sie in diese Blattformen feine Adern schneiden, die dann in einer anderen Farbe über das schablonierte Motiv gedruckt werden. Für eine bessere Übersicht werden solche Details in diesem Buch separat gezeigt, obwohl sie genaugenommen aus Teilen der Hauptschablone entstanden sind.

Vergrößern: Die Schablonenvorlagen in diesem Buch mußten auf 40, 50 oder 60 Prozent verkleinert werden. Wenn Sie sie in der Originalgröße einsetzen möchten, müssen die Vorlagen auf 250 bzw. 200 oder 167 Prozent vergrößert werden. Die entsprechenden Größen sind jeweils bei den Arbeitsanleitungen angegeben. Alle zu einem Entwurf gehörigen Schablonen wurden im gleichen Maßstab verkleinert.

Mit dem Kopiergerät: Am einfachsten vergrößern Sie Schablonen mit einem Fotokopierer. Leider funktionieren nicht alle Kopierer nach demselben Prinzip. Um ein möglichst exaktes Ergebnis zu erhalten, messen Sie eine Seitenlänge einer Schablone aus und berechnen die neue Länge, indem Sie mit einem Taschenrechner 250, 200 oder 167 Prozent der Vorlage

EINE SCHABLONE ZUSCHNEIDEN

1 Die Schablonenvorlage falls nötig auf das gewünschte Maß vergrößern und dann mit einem sehr weichen Bleistift (6B) die Linien auf Transparentpapier übertragen. Diese Zeichnung zeigt das Spiegelbild des fertigen Motivs.

2 Das Transparentpapier mit der markierten Seite nach unten so auf den Schablonenkarton legen, daß ringsum ein Rand (circa 5 cm) bleibt, und mit Klebeband fixieren. Dann mit einem harten (H) oder mittelharten (HB) Bleistift die Linien unter kräftigem Druck nachziehen.

bestimmen. Lassen Sie die Schablone im Copyshop dann auf exakt dieses Maß vergrößern und, mit demselben Faktor, ebenso die dazugehörigen Vorlagen. Demnach muß eine 10 cm lange Vorlage in diesem Buch, die auf 250 Prozent vergrößert werden soll, nach dem Kopieren 25 cm lang sein.

Maßstabsgerechte Vergrößerung: In vielen Fällen kann es nötig sein, das Schablonenmotiv um einen anderen als den genannten Faktor zu vergrößern oder sogar zu verkleinern. Die Vorgehensweise ist dann dieselbe: Bestimmen Sie die gewünschte Endgröße der Schablone und lassen Sie die Vorlage im Copyshop auf dieses Maß vergrößern bzw. verkleinern.

Quadratraster-Methode: Wenn Sie keinen Zugang zu einem Kopiergerät haben, können Sie die Vorlage auch manuell auf die passende Größe bringen. Zeichnen Sie dazu ein Quadratraster über die Schablone. Messen Sie dann die gewünschte Endgröße auf einem Blatt Papier aus und legen Sie darauf ein Raster mit der gleichen Quadratanzahl an. Nun können Sie den Entwurf Quadrat um Quadrat auf das neue, größere oder kleinere, Gitternetz übertragen.

Spiegelbild: Ihre Zeichnung zeigt das Spiegelbild der fertigen Schablone. Sofern Sie dieselbe Aufsicht wünschen (und das Motiv nicht symmetrisch ist), drehen Sie die Vorlage einfach um und ziehen die Linien mit einem weichen Bleistift auf der Rückseite nach.

Große Schablonen: Ist die Vorlage größer als Ihr Schablonenbogen (Karton oder Kunststoff), kleben Sie zwei Bögen beidseitig mit Klebeband aneinander.

Ränder: Rings um das ausgeschnittene Motiv muß zur Verstärkung ein Rand von mindestens 5 cm Breite stehenbleiben. Bei fortlaufenden Mustern (Rapportmustern) hilft eine bestimmte Randbreite bei der Positionierung.

3 Das Klebeband abziehen und Transparentpapier entfernen. Das Motiv ist (seitenverkehrt) auf dem Schablonenkarton erkennbar. Schwache Linien noch einmal nachziehen.

4 Den Cutter fast senkrecht in die rechte (Linkshänder in die linke) Hand nehmen und mit der anderen Hand den Karton festhalten – aber immer in sicherem Abstand zur Klinge. In der Mitte des Motivs mit dem Ausschneiden beginnen.

5 Geschnitten wird immer zum eigenen Körper hin, die freie Hand liegt hinter der Klinge. Bei runden Formen und Ecken die Schneideunterlage drehen, nicht das Messer! In Kurven die Klinge nicht absetzen. Ausgeschnittene Schablonenfelder heißen Fenster, die sie verbindenden Stücke Stege.

6 Paßmarken, d. h. Markierungszeichen (zum Beispiel Kerben am Schablonenrand oder kleine Löcher), auf die Schablone übertragen oder gegebenenfalls selbst einfügen. Sie helfen später bei der Positionierung.

Die ersten Schritte

Abkleben: Liegen die Fenster der Schablone so dicht beisammen, daß falsche Farbe hineingeraten könnte, wird das entsprechende Fenster mit Klebeband oder Pappe abgedeckt. Sollen zwei Farben verlaufen (etwa bei einem Blatt mit einer hellen und einer dunklen Hälfte), ist dies natürlich nicht nötig.

Schablone positionieren: Bei einem Wanddekor muß zuerst festgelegt werden, ob es symmetrisch sein soll (etwa beidseitig eines Fensters oder einer Tür). Markieren Sie dann die entsprechenden Anfangspunkte, messen Sie den Abstand zu den Zimmerecken (bzw. zu den Endpunkten der Ornamentleiste) aus und berechnen Sie daraus den nötigen Abstand zwischen den einzelnen Motiven. Jede Dekorleiste sollte immer mit einem kompletten Dekor abschließen. Befestigen Sie die Schablone mit Kreppband (oder Sprühkleber), das auf Putz ebenso haftet wie auf Holz oder Textilien. Die richtige Neupositionierung der Schablone bei fortlaufenden Mustern oder die exakte Lage einer zweiten Schablone über der ersten wird durch Paßmarken, d. h. Markierungszeichen (Linien, eingeschnittene Kerben oder kleine Löcher), erleichtert.

Farben anmischen: Füllen Sie die Farben in ein verschließbares Glas (z. B. von Babynahrung) und mischen Sie den gewünschten Ton, der nicht zu dunkel sein sollte. Mischen Sie genügend Farbe für das ganze Dekor. Für einen umlaufenden Fries in einem mittelgroßen Zimmer benötigt man etwa ein kleines Glas voll Farbe. Reicht dies nicht aus, mischen Sie die neue Farbe, solange noch genügend von der ersten vorhanden ist, damit Sie den Ton genau abstimmen können. Vergleichen Sie immer flüssige Farbe mit flüssiger Farbe, da sich der Ton beim Trocknen um mehrere Nuancen ändern kann.

Farbe mit dem Pinsel aufnehmen: Tauchen Sie den Pinsel nicht zu tief in die Farbe. Es reicht eine kleine Menge. Hat die Farbe die richtige (cremige) Konsistenz, läßt sie sich zu einer gleichmäßigen Fläche auftragen.

SCHABLONIEREN MIT DEM PINSEL

1 Eine Schablone kann für mehrere Farben gedacht sein. Liegen die Farbfenster sehr dicht beisammen, werden die Fenster für die weiteren Farben während der Arbeit ganz oder teilweise abgedeckt (mit Klebeband oder einem Stück Karton).

2 Die Position des Motivs bestimmen und die Schablone an der entsprechenden Stelle mit Klebeband befestigen (meist eignen sich dazu die vier Ecken). Eventuelle Paßmarken (kleine Löcher in der Schablone) beachten und diese unbedingt von Farbe freihalten.

Gleichgültig, ob Sie einen schlanken oder einen dicken Schablonierpinsel verwenden – er sollte nie tiefer als 5 mm in die Farbe getaucht werden.

3 Zur Farbauswahl immer nur kleine Mengen anmischen. Erst wenn die gewünschte Farbe feststeht, so viel davon anrühren, daß es für die ganze Arbeit reicht. Etwas von der Farbe auf einen Pappteller geben, der als Palette dient.

Schablonierpinsel richtig anwenden: Meistens bevorzuge ich eine lockerere, leicht kreisförmige Pinselführung, die Kräfte schont und den gewünschten Effekt bringt. Dazu beginnen Sie mit leichtem Druck am Rand des Fensters, so daß die Farbe zur Mitte hin schwächer wird. Die Konturen kommen so besonders schön zur Geltung. Ist das Fenster sehr schmal und deshalb keine kreisförmige Bewegung möglich, streichen Sie den Pinsel vorsichtig hin und her oder tupfen die Farbe auf.

Schablonierpinsel säubern: Reinigen Sie Ihre Pinsel nach dem Gebrauch sehr sorgfältig. Acryl- und Stoffmalfarben werden am besten unter fließendem lauwarmem Wasser ausgewaschen (Wasser auffangen und entsorgen). Ist die Farbe bereits etwas angetrocknet, hilft Spülmittel, das man mit den Fingern in die Borsten reibt. Anschließend gründlich ausspülen. Bei Farben auf Ölbasis müssen Sie vor dem Auswaschen Terpentinersatz verwenden. Werden die Pinsel nach dem Reinigen längere Zeit nicht benötigt, packen Sie sie in festes Papier ein, damit sie ihre Form behalten.Wird die Arbeit nur kurz unterbrochen, weil zum Beispiel eine Schablone trocknen muß, wickeln Sie die Pinsel in Frischhaltefolie oder in eine Plastiktüte. Dabei dürfen die Borsten nicht gekrümmt werden.

4 Mit dem Pinsel eine winzige Menge Farbe aufnehmen. Diese Farbe mit kreisenden Bewegungen auf der Palette in den Pinsel einarbeiten. Dann auf einem Blatt Papier die Konsistenz prüfen.

5 Den Pinsel wie einen Stift in die Hand nehmen, so daß die Borstenenden senkrecht auf die zu bemalende Oberfläche stoßen. Zunächst nur leicht aufdrücken und mit kreisförmiger Pinselführung oder durch Tupfen die Farbe auftragen.

UNKLARER FARBAUFTRAG

Beim Auftupfen (man führt den Pinsel senkrecht und trägt mit leichtem Druck die Farbe nach und nach auf) entsteht ein unklarer Aufdruck. So können verschiedene Farben übereinander aufgetragen werden.

KLARER FARBAUFTRAG

Kräftige bis schwungvolle kreisförmige Pinselführung mit weichem Pinsel ergibt einen weichen, aber klaren Ausdruck: die wirkungsvollste Methode und besonders geeignet für sanfte Farbübergänge.

Spezialeffekte

Es gibt verschiedene Schabloniertechniken, mit deren Hilfe sich interessante Effekte erzielen lassen. Beispielsweise wirkt die Kombination von zwei Farbtönen innerhalb einer Form besonders schön, sofern Sie harte Übergänge vermeiden. Gestalten Sie die Mitte heller als die Ränder, entsteht der Eindruck dreidimensionaler Räumlichkeit. Der Unterschied zwischen dem Zentrum und den Rändern darf jedoch nicht zu kraß ausfallen.

Anstelle frei aufgetragener Details können Sie Muster (z. B. Blattadern) auch in ein beim Ausschneiden der Schablonenfenster entferntes Teil einfügen und dieses dann nach der Hauptschablone auflegen.

Beim Schablonieren mit einem Schwamm nehmen Sie etwas Farbe auf, rollen den Schwamm in den Handflächen (Handschuhe benutzen!), um die Farbe gleichmäßig zu verteilen, und tupfen dann vorsichtig damit über die Schablone. Nicht zuviel Farbe verwenden und nicht zu kräftig aufdrücken, sonst geht die typische Schwammstruktur verloren.

Wollen Sie von Hand feine Linien ziehen, tauchen Sie einen schmalen Pinsel in relativ dünnflüssige Farbe und folgen dann einer mit Bleistift vorgezeichneten Linie. Ausrutscher lassen sich mit etwas Hintergrundfarbe korrigieren.

Beim Verzieren von Decken, Fußbodenleisten o. ä. erleichtert das Umklappen einer Schablonenkante das richtige Positionieren entlang den Kanten und schützt auch die Oberfläche. Fertigen Sie bei Platzmangel notfalls Teilschablonen an.

FARBEN MISCHEN
Zwei Farben eines Motivs werden am Übergang vorsichtig miteinander vermischt, um fließend ineinander überzugehen.

SCHABLONIEREN MIT SCHWAMM
Ein Schwamm eignet sich für großflächige Formen. Grobe Schwämme (oben) und feinporige (unten) ergeben unterschiedliche Muster. Mit Naturschwämmen oder zerrupften Kunststoffschwämmen erzielt man interessante Strukturen.

NUR KONTUREN FÄRBEN
Schabloniert man nur entlang den Kanten einer Form, entsteht ein Eindruck von Bewegung.

SCHATTIEREN

Durch kräftigeren Pinseldruck entlang den Rändern wird die Farbe dort intensiver, und das Bild gewinnt an Tiefe.

AUFHELLEN

Zusätzliche Tiefe erhält man auch, wenn in der Mitte des Motivs eine hellere Farbe verwendet wird als an den Rändern.

BLATTADERN

In den ausgeschnittenen Teil der Blattschablone ritzt man die zarten Blattadern ein.

STREIFEN MALEN

Mit der Schablone

Fertigen Sie eine Schablone, nicht länger als etwa 30 cm, an. Lassen Sie beim Ausmalen die Farbe zum Ende hin blasser werden und trocknen. Die Schablone so weiterbewegen, daß sie dieses Anschlußstück überlappt. Wieder beide Enden blasser arbeiten.

Mit dem Klebeband

Kleben Sie zwei Kreppbänder im gewünschten Abstand (= Streifenbreite) parallel nebeneinander. Das Klebeband vor allem an den Innenkanten fest andrücken. Erst nach dem Trocknen vorsichtig und gleichmäßig abziehen.

Mit dem Lineal

Eine feine Linie kann man auch von Hand ziehen. Verwenden Sie einen dünnen Künstlerpinsel oder einen Strichziehpinsel und führen Sie ihren kleinen Finger an einem Lineal entlang. Je weniger Sie sich verkrampfen, desto gleichmäßiger wird das Ergebnis.

Fehlstellen retuschieren

Selbst erfahrenen Schablonenmalern geschieht hin und wieder ein Mißgeschick. Allerdings kann man vielen Fehlern vorbeugen, und die meisten anderen lassen sich ohne große Mühe kaschieren. Denn der Reiz der Schablonenmalerei beruht nicht zuletzt auf den vielen kleinen Unregelmäßigkeiten, die nur Perfektionisten als Fehler erscheinen.

Unregelmäßiger Farbauftrag: Wenn Sie ein ganzes Zimmer dekorieren, werden Sie rasch merken, daß Sie in einen gewissen Rhythmus verfallen und in nahezu regelmäßigen Abständen Farbe aufnehmen. Die allmähliche Farbabschwächung, die dabei jedesmal auftritt, spiegelt diesen Arbeitsrhythmus auf dem fertigen Design wider. Bitte unternehmen Sie nichts dagegen: Dieser Rhythmus ist ein unentbehrlicher Teil des Charmes der Schablonenmalerei. Auch über kleinere zu blaß oder zu dunkel geratene Stellen oder winzige Spritzer sollte man großzügig hinwegsehen. Sie bringen lediglich zum Ausdruck, daß es sich hier um echte Handarbeit handelt, und machen das Muster abwechslungsreicher und interessanter.

Ausbessern: Falls nach abgeschlossener Arbeit einige Stellen tatsächlich einer Nachbesserung bedürfen, können ein feiner Pinsel und ein Rest Hintergrundfarbe wahre Wunder wirken. Bewahren Sie deshalb etwas von der Hintergrundfarbe auf.

DIE HÄUFIGSTEN FEHLER

Pudriges Aussehen
Wirkt Ihr Schablonenmotiv pudrig und will die Farbe nicht recht vom Pinsel, ist entweder die Acrylfarbe zu fest oder der Pinsel zu trocken. Mischen Sie mit dem Palettenmesser etwas Acrylmedium oder einen Tropfen Wasser unter die Farbe.

Farbauftrag
Häufig wird zuviel Farbe auf den Pinsel genommen. Selbst wenn die Konsistenz der Farbe stimmt, wirkt das schablonierte Motiv dann nicht mehr elegant, sondern grob und schwer. Beginnen Sie noch einmal und nehmen Sie wirklich nur ganz wenig Farbe auf den Pinsel.

Verlaufene Ränder
Ist Ihr Pinsel zu naß, wird die Farbe zu flüssig und dringt unter die Schablone, was häßliche Ränder verursacht. Mischen Sie neue Farbe an; trocknen Sie den Pinsel auf Küchenpapier, bis er nurmehr leicht feucht ist und aus den Borsten kein Wasser mehr austritt.

Kleckse und Schmierer
Selbst kleine Farbsprenkel auf der Schablonenrückseite verursachen häßliche Schmierer. Falls es einen Fleck gibt, versuchen Sie es mit sofortigem Abwischen. Oder Sie warten, bis die Farbe trocken ist, und malen dann mit der Hintergrundfarbe darüber.

Farbschmierer auf Textilien: Stoffe sind wesentlich saugfähiger als harte Oberflächen und deshalb empfindlicher. Fehler zu korrigieren ist hier nahezu unmöglich. Dicke Farbkleckse können Sie trocknen lassen und mit viel Glück danach einfach abkratzen. Befolgen Sie die auf Seite 16 genannten Tips – und geben Sie doppelt gut acht.

Schablonen instand halten: Auch sorgfältige Pflege der Schablonen beugt unschönen Fehlern vor. Verstärken Sie zarte Schablonen beidseitig mit Acryllack. Säubern Sie die Schablone nach jedem Arbeitsgang. Lassen Sie keine Farbreste darauf antrocknen. Um Verbiegungen oder ähnliche Schäden zu vermeiden, müssen Schablonen nach jedem Einsatz mindestens einen Tag trocknen. Anschließend werden sie flach liegend zwischen Kartonlagen an einem kühlen, trockenen Platz aufbewahrt.

FARBKONSISTENZ

Acrylfarben aus der Tube haben meist die richtige Konsistenz. Ein nasser Pinsel kann allerdings auch sie zu dünnflüssig machen – achten Sie also darauf, daß Ihr Pinsel nur angefeuchtet ist.

Eingerissene Stege
Ist ein Steg beim Schneiden oder während der Schablonierarbeit eingerissen, flicken Sie ihn mit Klebeband. Die Bruchstelle genau aneinanderlegen und den Riß beidseitig mit Kreppband verkleben. Das Band fest andrükken und mit dem Cutter den Steg neu zuschneiden.

Ausgefranste Ränder
Schlecht geschnittene Schablonen können die ganze Arbeit verpatzen. Halten Sie die Schablone gegen das Licht, und schneiden Sie ausgefranste Kanten nach. Tauschen Sie die Klinge Ihres Cutters häufig aus, um solchen Mängeln vorzubeugen.

Eigene Motive entwerfen

Die Schablone einer Blume muß nur die wesentlichen Strukturelemente der Pflanze erfassen.

Sobald Sie etwas Erfahrung gesammelt haben und mit den wesentlichen Elementen dieser faszinierenden Technik vertraut sind, werden Sie vielleicht Lust verspüren, eigene Schablonen zu entwerfen. Am besten beginnen Sie dazu mit einem vorgegebenen Muster. Gute Designideen finden Sie auf Stoffen und Teppichen. Wie wäre es, wenn Sie zum Beispiel das Muster Ihrer Vorhänge oder des Bettüberwurfs aufgreifen und einen dazu passenden Fries malen? Oder Sie wiederholen ein Motiv eines Kelim-Teppichs in einer Zierborte oberhalb der Fußbodenleiste.

Steht Ihnen der Sinn nach Größerem, könnten Sie ein Bild aus einer Zeitschrift oder einem Buch kopieren. Stilisierte Designs oder Zeichnungen sind leichter in Schablonenmuster zu verwandeln als Fotos – aber das nur als Hinweis: Ihrer Phantasie sind nämlich keine Grenzen gesetzt.

NACH DER NATUR ENTWERFEN

1 Eine geeignete Blume auswählen und sie genau betrachten: Wo liegen natürliche Bruch- und Verbindungsstellen – Blattansätze, Stengelknoten und Blütentriebe? Welche Form haben die Knospen, wie groß sind die Blütenblätter? Danach eine Farbskizze anfertigen.

2 Die Zeichnung auf Transparentpapier übertragen; auf das Wesentliche reduzieren. Überflüssige Blätter weglassen und dafür besonders auffällige Merkmale betonen. Die Stege einplanen und die verschiedenen Farbtöne überlegen. Eine Skizze des so vereinfachten Bildes anfertigen.

3 Die Skizze oben an die Zeichnung halten – wie wirkt das Ganze als fortlaufendes Muster? Probeweise die beiden Schablonenvorlagen seitenverkehrt anlegen. Kahlstellen mit Blüten oder Blättern auffüllen oder neu skizzieren. Zuletzt das gesamte Muster mit einem dicken Stift nachzeichnen.

4 Das Motiv wie auf den Seiten 18/19 beschrieben vom Transparentpapier auf ein Stück Schablonenkarton übertragen und die Schablone zuschneiden.

Selbstverständlich können Sie auch direkt nach der Natur zeichnen, doch sollten Sie Ihr Ziel anfangs nicht zu hoch stecken, sonst ist Enttäuschung vorprogrammiert.

Steht die erste Skizze, müssen Sie sie auf ihre Grundstruktur reduzieren. Zum Anfertigen einer Schablone wird das Gesamtbild in einzelne, durch Stege getrennte Formen aufgeteilt. Die Stege spielen eine ganz wesentliche Rolle, da sie die Schablone sowohl real als auch bildlich zusammenhalten.

Stege sollten etwa 3 mm breit sein und nicht weiter als 10 cm auseinanderliegen; aber natürlich hängen ihre Größe, Form und Lage ganz und gar vom jeweiligen Motiv ab. Sie müssen in der Linienführung auf das Design abgestimmt sein (zum Beispiel keine geraden, harten Linien in einem floralen Thema) und so plaziert werden, daß man sie nicht als störend empfindet. Bei großen Fenstern können auch die Stege breiter ausfallen, doch bei zarten, kleinen Fenstern sollten sie entsprechend schmäler sein.

Ein Motiv von einem gemusterten Stoff abzuzeichnen ist nicht schwierig. Ist das Muster symmetrisch, brauchen Sie nur eine Hälfte zu kopieren. Das Spiegelbild ergibt sich von selbst, wenn Sie die Skizze umdrehen.

EIN STOFFMUSTER KOPIEREN

1 Über die Vorlage (Teppich oder Stoff) Transparentpapier legen und mit Stecknadeln oder Klebeband fixieren. Das Muster mit einem sehr weichen Bleistift nachzeichnen. Die Zeichnung mit dem Gesicht nach unten auf ein Blatt Papier legen und alle Linien mit einem harten Stift nachziehen. Fest aufdrücken.

2 Auf dem Papier die Hauptstrukturen bestimmen und überflüssige Ornamente herausnehmen. Dann die Position der Stege festlegen sowie die ersten Farbkombinationen ausprobieren. Profis arbeiten gerne mit separaten Farbschablonen – zum Beispiel Rot und Blau auf einer Schablone, Gelb und Grün auf einer anderen.

3 Diejenigen Elemente des Motivs, die für eine bestimmte Farbschablone gedacht sind, herauskopieren und auf Schablonenkarton übertragen. Diesen Schritt für jede geplante Schablone wiederholen. Dabei Paßmarken bzw. Kerben nicht vergessen.

DIELE UND WOHNZIMMER

Eine Diele begrüßt den Besucher und vermittelt ihm einen ersten Eindruck von Ihrem Heim. Nun liegt es in der Natur einer Diele, daß von ihr viele Türen abgehen und deshalb nur wenig Wandfläche übrigbleibt. Um sie trotzdem repräsentativ zu gestalten, bietet es sich an, den Fußboden mit einem stilvollen Schablonenmuster (siehe nächste Seiten) zu dekorieren. Weitere Möglichkeiten wären ein umlaufender Zierfries, der den Raum optisch zusammenhält, oder eine individuelle Bemalung der Türrahmen oder der Türen selbst. Bei Treppen kann man durch eine parallel zum Geländer verlaufende Schmuckbordüre überraschende Effekte erzielen. Besonders attraktiv wirkt es, wenn Sie in einem angrenzenden Raum – etwa dem Wohnzimmer – dieselben Schablonen verwenden wie in der Diele. Im Wohnzimmer selbst steht dem Schablonierkünstler eine schier unerschöpfliche Fülle individueller Gestaltungsmöglichkeiten offen. In diesem Kapitel finden Sie Ideen zur kunstvollen Verschönerung von Wänden, Möbeln und Stoffen.

Fußbodendesign »Fuchsie«

Dieses repräsentative Motiv, das ich einem Teppich von William Morris entnommen habe, eignet sich wunderbar für Fußböden. Es paßt nicht nur fast überall hin, sondern ist auch so großzügig, daß man selbst in großen Räumen mit der Arbeit rasch vorankommt.

Das vorwiegend in Schwarzbraun gehaltene Dekor kommt auf Naturholzböden besonders schön zum Ausdruck. Kleine Fuchsienblüten in einem tiefen Kirschrot setzen farbige Akzente, ohne das Dekor unruhig wirken zu lassen (siehe großes Foto).

Dieses breite Bordürenmuster entdeckte ich auf einem von William Morris' Hammersmith-Teppichen (so hießen die handgeknüpften Teppiche seiner Firma, die ursprünglich im Wagenschuppen und Stall seines westlich von London gelegenen Anwesens in Hammersmith gefertigt wurden). Anders als die maschinengewebten Teppiche, die seine Firma ebenfalls herstellte, waren Hammersmith-Teppiche stets Einzelstücke.

Morris maß der Bordüre genausoviel Bedeutung bei wie dem zentralen Muster des Teppichs. Seiner Ansicht nach sollten »alle Bordüren, selbst sehr schmale, aus verschiedenen Teilmotiven bestehen, da sie sonst kahl und ärmlich wirken und das ganze Stück ruinieren«. Häufig verwendete er dieselbe Bordüre mit verschiedenen Mittelteilen, die gemustert oder einfarbig sein konnten. Die hier ausgewählte Bordüre umgab ein ungemustertes Zentrum und nahm etwa denselben Teil der Gesamtfläche ein wie auf dem rechts abgebildeten Fußboden.

Das dekorative Dekor paßt sich verschiedenen Räumen und Winkeln wunderbar an. In einem schmalen Gang wie hier läßt man es am besten an der Wand entlanglaufen. Bei größeren Freiflächen können Sie das Hauptmotiv, die Fuchsie, darüber hinaus auch zweimal – im Original und am Stengelende gespiegelt – als Medaillon in die Mitte setzen.

Sie werden feststellen, daß die Arbeit mit dieser Schablone rasch von der Hand geht. Besondere Aufmerksamkeit erfordern lediglich die Ecken. Da die Gehrungen sehr gleichmäßig gearbeitet werden müssen, ist es besser, hier zunächst nicht zu weit in die Ecken hinein zu schablonieren und die Ecken lieber später noch einmal nachzumalen.

Sobald die gesamte Fläche dekoriert und die Farbe getrocknet ist, muß dreimal überlackiert werden. Erkundigen Sie sich im Fachhandel nach dem passenden (matten) Lack. Soll der Dielenboden einen sanften Schimmer erhalten, können Sie ihn später mit Holzpolitur nachbehandeln.

SIE BRAUCHEN:

Polyurethan- oder Acryllack (matt)
Acrylfarben:
Schwarzbraun: Elfenbeinschwarz und gebrannte Umbra
Kirschrot: Karmesinrot und Paynesgrau

1 Die Wandlängen messen und deren Mitte markieren. Inneren und äußeren Bordürenrand anzeichnen. Äußeren Rand mit der Zickzackborte schwarzbraun schablonieren; die Linien am Ende immer blasser einfärben (siehe Arbeitsanleitung Seite 23).

2 Das Rautenmuster am Innenrand in Schwarzbraun schablonieren. Beim Verschieben der Schablone das am Schablonenanfang ausgeschnittene Dreieck (Einkerbung) mit der zuletzt gemalten Raute in Deckung bringen.

3 Die Schablone vorsichtig weiterschieben und die Streifenübergänge erarbeiten, solange die Farbe noch feucht ist. (Wartet man, bis sie trocken ist, wirkt die fertige Linie ungleichmäßig.)

4 In den Ecken Gehrungen zurichten. Bei Außenecken die der Ecke am nächsten liegenden Linien (nicht jedoch die Zickzacklinien) jeweils bis zum äußersten Eckpunkt markieren und anschließend mit Farbe ausmalen.

5 Schablone um die Ecke legen, so daß das Ende mit der vorherigen Kante zusammentrifft. Mit Hilfe des Lineals Linien so mit Kreppband abkleben, daß sie mit der bereits schablonierten Linie abschließen. Streifen ausmalen.

6 Schablone auf die erste Seite zurücklegen, aber so weit vorschieben, daß alle Linien bis zum Eckpunkt ausgemalt werden können. Die Enden der zu schablonierenden Streifen mit Kreppband oder Karton abdecken.

7 Jetzt die Zickzacklinien auf beiden Seiten der Ecke schablonieren. Damit sie sich in der Gehrung treffen, muß die Schablone ggf. verschoben werden. Dann nach derselben Technik den Streifen der Innenecke erstellen.

8 Eckmotiv mit den Stengeln diagonal positionieren. Blätter und Stengel in Schwarzbraun und Blüten in Kirschrot schablonieren. Die Bordüre wie in Schritt 4 bis 6 beschrieben fortsetzen. Zuletzt die Rauten ausmalen.

9 Die Schablone mit dem Hauptmotiv zwischen Innen- und Außenborte positionieren. Die Zahl der Motive und der dazwischenliegende Abstand werden durch die Größe des Raumes bestimmt. Der Abstand zwischen den einzelnen Motiven muß immer gleich sein, also unbedingt sorgfältig ausmessen.

10 Alle Blätter und Stengel in Schwarzbraun ausmalen, dabei eventuell die Blüten mit Karton oder Kreppband abdecken. Ist die Farbe trocken, die vier kirschroten Blüten schablonieren und dabei ggf. in der Nähe liegende Blätter abdecken. Alles gut trocknen lassen und mindestens dreimal überlackieren.

**Rauten-
bordüre**

**Zickzack-
bordüre**

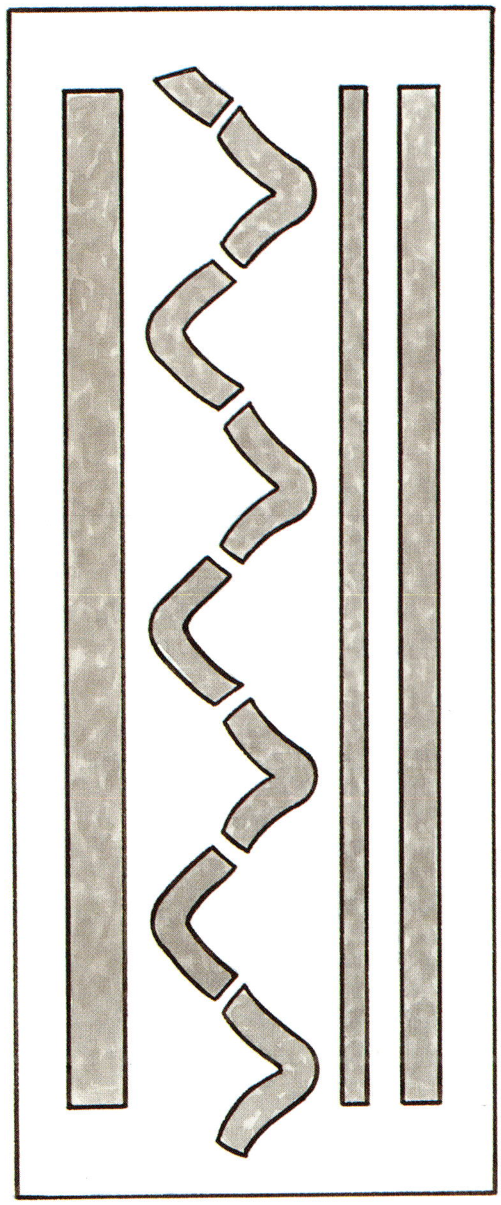

Alle Schablonen für dieses Projekt auf 200 Prozent vergrößern (siehe Seite 18/19).

Das Bordürenmuster besteht aus dem Hauptmotiv (große Blüte), das in regelmäßigen Abständen zwischen die beiden Randleisten gemalt wird. An den Ecken wird ein anderes Blütenmotiv verwendet. Am äußeren Rand verläuft eine Zickzackborte, die Innenseite markiert eine Rautenbordüre.

Hauptmotiv (große Blüte)

Eckmotiv

Schreibtischset mit Blattmuster

Dieses aparte Motiv ist Teil eines wesentlich aufwendigeren Stoffmusters des einflußreichen Arts-and-Crafts-Designers Lindsay Butterfield. Die Schablonen sind vielseitig verwendbar und zur Dekorierung der unterschiedlichsten Objekte geeignet.

Schlichte Formen und Muster vertragen keine auffälligen Farbkombinationen. Diese Arbeit eignet sich doppelt gut für Anfänger, weil sie überschaubar ist und gleichzeitig keine besonderen technischen Vorkenntnisse erfordert.

SIE BRAUCHEN:

Dispersionsfarbe in dunklem Indigo und Rot
Einlaßgrundierung (matt)
Acryllack (matt)
Acrylfarben:
Hellblau: Ultramarinblau, Weiß und etwas Umbra natur

Bei dieser ausgefallenen Schreibtischgarnitur (siehe Foto gegenüber) sind die Motive so angeordnet, daß sie die Form des Brief- und Kuvertkästchens aufgreifen. Das größte Element – das große Blatt – betont jeweils die geschwungenen Kanten. Beide Kästchen werden rundum dekoriert.

Der Lindsay-Butterfield-Stoff *Canterbury Bells,* dem dieses Blattmuster entnommen ist, wurde 1902 bei G. P. & J. Baker bedruckt. Der überaus erfolgreiche Designer Butterfield entwarf neben Druck- und Webmustern für Textilien auch Tapeten und fertigte Schablonenvorlagen für dieselbe Firma.

Schlichte Ornamente lassen sich besonders vielseitig verwenden. Die hier gezeigten beiden kleinen Schablonen sind in ihrer Anpassungsfähigkeit schier unerschöpflich. Sie bestehen aus drei Elementen – einem großen Blatt, einem kleinen Blatt und einer Raute. Die Elemente lassen sich beliebig kombinieren, aber auch als Einzelmotive anwenden.

Kuvertkasten und Briefablage sind jeweils mit zwei Lagen Dispersionsfarbe gestrichen. Nach dem Bemalen, aber vor dem Schablonieren müssen sie mit Einlaßgrundierung versiegelt werden. Ist auch das Dekor getrocknet, folgt ein Schutzüberzug mit Acryllack.

1 Das Kästchen außen mit blauer und innen mit roter Dispersionsfarbe streichen. Nach dem Trocknen versiegeln. Mit der großen Blattschablone drei Blätter auf die Vorderwand drucken (unten in der Mitte beginnen, dann links und zuletzt rechts). Auf der Rückwand und auf beiden Seitenwänden wiederholen; die Blätter an Vorder- und Rückseite aber weiter auseinander plazieren als an den Seitenwänden.

2 Die zweite Schablone verwenden und die kleinen Blätter und Rauten hinzufügen: auf Vorder- und Rückwand jeweils links und rechts unten, in der Mitte oben. Wenn es Ihnen besser gefällt oder durch die Form vorgegeben ist, kann auch nur ein Teil der Schablone benutzt werden – etwa das kleine Blatt mit nur zwei Rauten oder das kleine Blatt allein.

Großes Blattmotiv

Kleines Blatt mit Rauten

Schablonen für dieses Set auf 167 Prozent vergrößern (siehe Seite 18/19).

Die beiden gezeigten Kästchen wurden mit nur zwei Schablonen dekoriert: einem großen Blatt und einem kleinen Blatt mit vier Rauten. Beide sind in denselben Farben gearbeitet.

Jasminbordüre für Wand und Bank

Diese zauberhafte Bordüre mit Jasminblüten und -blättern basiert auf einem Design von Walter Crane. Sie können damit eine Vorhangblende, aber auch Tapeten oder eine Fenstersitzbank dekorieren. Wählen Sie die Farben passend zur übrigen Einrichtung.

Die Kombination von Wandbordüre und verstreuten Blüten und Zweigen desselben Dessins macht diese Schablone vielseitig einsetzbar. Bei einem exakt abgegrenzten Objekt wie der Fenstersitzbank (siehe großes Foto) muß das fortlaufende Muster sorgfältig positioniert werden.

Zu dieser verspielten Bordüre hat mich eine Zierleiste in dem von Walter Crane illustrierten Liederbuch *Pan Pipes* (siehe Seite 12) inspiriert. Cranes Zierleiste ist außergewöhnlich dekorativ. Er verwendete ähnliche Farben, wie sie auch hier benutzt werden: blaß-olivgrüne Blätter und weiße Jasminblüten mit leuchtend gelben Zentren auf einem zart apricotfarbenen Untergrund.

In unserem Beispiel ziert die Bordüre nicht nur die Vorhangblende, sondern führt entlang der Wand rings um das Zimmer herum. Die Höhe ist durch die Oberkante der Fenstersitzbank vorgegeben, von der aus die ornamentale Schmuckleiste den Raum umläuft. Natürlich steht es Ihnen frei, die Tapetenbordüre an beliebiger Stelle – in Augenhöhe oder etwas unterhalb der Zimmerdecke – anzubringen.

Die Tapetenbordüre selbst ist nicht schwierig zu schablonieren. Sie haben den Vorteil, auf einer geraden Oberfläche arbeiten zu können: Bereiten Sie einen Streifen Tapete vor, der exakt geschnitten sein muß – ein Metallineal und ein Cutter sind dazu besser geeignet als eine Schere. Legen Sie den Streifen auf Ihre Arbeitsfläche, fixieren Sie ihn mit Klebeband und fangen Sie dann an einem Ende mit dem Dekorieren an. Bei Vorhangblende und Fenstersitzbank müssen Sie in der Mitte beginnen. Ist die Farbe gut durchgetrocknet, können Sie die Zierleiste mit Tapetenkleister an die Wand kleben.

Die grünen Zierlinien sind nicht Teil der Schablone; sie werden vorher zwischen zwei waagrecht geklebten Kreppbandstreifen (siehe Seite 23) gemalt. Erkundigen Sie sich beim Kauf des Klebebandes, ob es sich auch wirklich wieder abziehen läßt, ohne die Wand zu beschädigen, und probieren Sie es zu Hause an einer unauffälligen Stelle aus. Zum Malen der Zierstriche eignet sich ein 2,5 cm breiter Malerpinsel. Beim Schablonieren der Sitzbank-Oberkante brauchen Sie die äußere Kante nicht gesondert abzukleben, da die Holzkante eine gerade Linienführung vorgibt.

SIE BRAUCHEN:

Grundierungsfarbe in Terrakotta
Polyurethanlack (matt)
Acrylfarben:
Grün: Veronesergrün, Siena natur und Weiß
Creme: Weiß, etwas Siena natur und etwas Umbra natur
Gelb: Neapelgelb

1 Terrakottafarbene Grundierung mit Stahlwolle aufrauhen. Die Ränder des Schablonenmusters mit Kreppband markieren und 2,5 cm davon entfernt Linien ziehen. Entlang diesen Linien Kreppband aufkleben. Die freien Streifen zwischen dem Klebeband grün streichen.

2 Den Mittelpunkt der Fensterbank oder der Vorhangblende feststellen. Mittelpunkt des Schablonenmotivs bestimmen. Die Schablone zwischen den Streifen positionieren und mit Klebeband fixieren. (An den Ecken der Bank müssen Sie die Ränder der Schablone eventuell ein Stück umknicken.) Die Blüten mit Kreppband abdecken.

3 Die Blätter grün schablonieren. Ist die Oberfläche glänzend oder zu glatt, wirkt die getrocknete Farbe manchmal fleckig. In diesem Fall mit derselben Farbe oder einem geringfügig helleren Ton nochmals darüberstreichen. Dann das Kreppband von den Blüten abziehen und die Blüten in Creme ausmalen.

4 Während die Schablone noch fixiert ist, mit Hilfe der ausgeschnittenen Blütenzentren (jede Blüte ist anders geformt!) einen gelben Punkt in die Mitte tupfen; dafür einen sehr feinen Pinsel verwenden. Das ausgeschnittene Stück muß dazu nicht festgeklebt, sondern kann einfach in der Hand gehalten werden.

5 Nach dem Trocknen die Schablone vorsichtig abnehmen und von Farbresten reinigen. Nun die Schablone umdrehen (spiegeln) und neben die bereits dekorierte Fläche plazieren. Den Vorgang so oft wie nötig wiederholen. Geht das Muster nicht passend mit dem Ende der Bank aus, kann die Schablone in der Ecke behutsam abgeknickt werden.

Alle Schablonen für diese Dekoration auf 167 Prozent vergrößern (siehe Seite 18/19).

Bordüre

6 Für die Seitenwände der Fenstersitzbank wird meist nur ein Teil der Bordüre benötigt. Die Schablonenmitte auf den Mittelpunkt der zu dekorierenden Fläche legen. Den restlichen Teil der Schablone um die äußere Ecke biegen, an der Innenecke vorsichtig knicken und mit Kreppband fixieren. Nach Schritt 3 und 4 schablonieren.

7 Sitzfläche und restliche Lehne der Fensterbank werden nur mit verstreuten Blüten und Zweigen verziert. Dazu die Hauptschablone verwenden, angrenzende Fenster (wie etwa die durchlaufenden Zierbänder) mit Kreppband abdecken und einige Motive schablonieren. Die ganze Arbeit mit zwei Lackschichten versiegeln.

TAPETENBORDÜRE

Da die Bordüre eigens zugeschnitten wird, können Sie die Breite auf das exakte Maß der Schablone abstimmen. Die grünen Streifen markieren den oberen und unteren Rand.

Die Schablonenvorlage an den gestrichelten Linien zusammensetzen. Zum Dekorieren der Vorhangblende, der Fenstersitzbank und der Tapetenbordüre wird immer dieselbe Schablone verwendet. Die Blütenzentren werden mit Hilfe der ausgeschnittenen Blüten nachträglich eingefügt. Auch die verstreuten Blüten und Zweige auf der Sitzbank sind mittels der Schablone aufgemalt.

Schablone für Blütenzentrum (für jede Blütenform anfertigen)

Couchtisch mit Weidenzweigmotiv

Diese vereinfachte Version von William Morris' berühmtem Weidenzweig *schmückt hier flächendeckend einen schlichten niederen Tisch. Bei der Farbwahl habe ich mich weitgehend an Morris' Tapetenentwurf gehalten.*

Die Schablone für das Weidenzweigmotiv besteht aus drei Teilen, die sich zu einem bewegten Muster voll innerer Dynamik fügen. Es paßt auf jede glatte Fläche. Also nicht nur die Tischplatte, sondern auch die Seitenteile (siehe großes Foto) oder etwa ein Tablett können Sie schablonieren.

Der Weidenzweig – *Willow Bough* –, eines der bekanntesten und beliebtesten Motive Morris', stand für dieses dekorative Schablonenmuster Pate. 1887 als Tapetenmuster entworfen, bedeckten die geschmeidigen Weidenruten die Schlafzimmerwände der Tochter des Künstlers. Die entzückte May erinnerten sie »an eine romantische Flußlandschaft«.

Wie das Original paßt auch das hier verwendete Design zu nahezu allen Stilrichtungen, weil es unaufdringlich ruhig und dennoch dynamisch wirkt.

Bei diesem Muster spielt die richtige Planung eine wesentliche Rolle, damit die Rhythmik des Motivs voll zur Geltung kommt. Die Form einer »8« hat sich als Basismotiv bewährt.

Da ein Couchtisch sehr stark strapaziert wird, müssen Sie Ihre Arbeit mit mehreren Schichten Lack versiegeln. Wählen Sie matten Lack, der nach dem Trocknen mit Möbelpolitur zu sanftem Schimmer poliert wird.

SIE BRAUCHEN:
Dispersionsfarbe in Weiß
Einlaßgrundierung (matt)
Acryllack (matt)
Acrylfarben für den Untergrund:
Sanftes Braunrosa: Oxidrot, etwas Weiß und Umbra natur
Acrylfarben für das Schablonenmuster:
Grün: Chromoxidgrün und etwas Kobaltblau
Gelbgrün: Chromoxidgrün, etwas Kobaltblau und etwas Kadmiumgelb
Rotbraun: Oxidrot

1 Transparentpapiere auf Größe der Tischplatte zusammenkleben und darauf das fortlaufende Muster der Weidenzweige skizzieren. Den geklebten Bogen weglegen. Den Tisch weiß grundieren und dann in Braunrosa (etwas Einlaßgrundierung untermischen) streichen. In Richtung der Holzmaserung arbeiten.

2 Entlang der Tischkante eine schmale grüne Linie schablonieren (siehe Seite 23). Auch die Außenkanten der Tischbeine mit schmalen grünen Linien verzieren. Dafür – sowie für die Blätter – wird ein feiner Pinsel benötigt; einen noch feineren brauchen Sie für die Blattspitzen und Stengel.

3 Den Transparentbogen auf die Tischplatte legen. An einem Ende beginnend, die größte Schablone passend darunterlegen. Das Pauspapier entfernen und die Blätter in Grün schablonieren. An den Blattspitzen Farbübergänge ins Gelbgrüne ausarbeiten. Die Stengel rotbraun malen, aber nur ganz wenig Farbe verwenden.

4 Den Transparentbogen wieder als Vorlage verwenden und die mittlere Schablone so anlegen, als wachse dieser Zweig aus dem größeren heraus. Wie zuvor Blätter und Stengel grün, gelbgrün oder rotbraun schablonieren.

5 Auf dieselbe Art weiterarbeiten und die drei Schablonen aneinanderfügen. Zwischendurch die Schablonen auch seitenverkehrt verwenden. Eventuelle Leerstellen mit kleinen Zweigen auffüllen.

6 Die Tischseiten mit der mittelgroßen Schablone dekorieren. Dabei die Schablone abwechselnd rechts und links verwenden. Die Zweige dürfen sich ruhig auch überlappen. Zuletzt den ganzen Tisch mit Klarlack versiegeln.

Alle Schablonen für diese Arbeit auf 167 Prozent vergrößern (siehe Seite 18/19).

Großer Zweig

Mittlerer Zweig

Die Linien entlang der Tischkante und den Beinen werden mit einer Schablone gezogen. Das Weidenzweigornament auf der Tischplatte setzt sich aus drei Schablonen zusammen, die in der sich wiederholenden Form einer »8« ineinander verschlungen sind. Die Tischseiten werden nur mit der mittleren Schablone bearbeitet.

Kleiner Zweig

Zierkante

Kissenbezug »Wildrose«

Das Motiv dieser farbenfrohen Kissenbezüge ist einem Stickmuster nachempfunden, das William Morris zugeschrieben wird. Die leuchtenden Farben und die zarte Musterung verleihen den Kissen ihren bezaubernden Charme.

Beide Kissenhüllen wurden mit denselben Schablonen und Farben bemalt. Lediglich die rosa Blütenblätter auf dem grünen Kissen sind eine Nuance dunkler als die auf dem roten. Die unterschiedlichen Effekte beruhen ausschließlich auf der anderen Hintergrundfarbe (siehe großes Foto).

Das Dekor, auf dem diese Schablone basiert, wurde von Morris' Firma dies- und jenseits des Atlantiks sowohl als fertiges Kissen als auch als Stickset verkauft. Morris war durch mittelalterliche Handarbeiten auf die Stickkunst aufmerksam geworden, beherrschte die Technik selbst und brachte sie auch Frau, Tochter und Freunden näher. Er stilisierte die Muster, verwandte ausschließlich mit Naturfarben gefärbte Garne und entdeckte längst in Vergessenheit geratene Stickstiche.

Das Heckenrosen-Motiv mußte zum Schablonieren kaum verändert werden. Sie arbeiten mit zwei Schablonen, eine mit vier Farben, die andere mit drei – das dunkle Blaugrün kommt in beiden vor. Die Schablonenfenster wurden so aufgeteilt, daß überlappende Bildteile (wie helle und dunkle Blätter) getrennt sind. Das wird in Schritt 1 deutlich: Die mit Bleistift gezogenen Linien markieren die Musterelemente, die in der zweiten Schablone enthalten sind.

Die Vorlage ist für ein quadratisches Kissen mit 45 cm Seitenlänge gedacht, läßt sich aber problemlos vergrößern oder verkleinern. Das Muster wird vor dem Nähen schabloniert. Ein Tropfen Malmittel macht Acrylfarben geschmeidiger. Die Kissenhülle ist waschbar, wenn Sie Stoffmalfarben verwenden und diese nach Herstelleranweisung fixieren.

SIE BRAUCHEN:

Stoff für den Kissenbezug (z. B. Chintz)
Malmittel (bei Verwendung von Acrylfarben)
Stoffmal- oder Acrylfarben:
Hellgrün: Kobaltblau, Dunkelgrün, Umbra natur, Weiß und Ocker
Dunkles Blaugrün: Kobaltblau, Dunkelgrün und Umbra natur
Hellrosa: Karmesinrot und Weiß
Dunkelrosa: Karmesinrot und etwas Weiß
Mittelgrün: Ocker, Dunkelgrün und Weiß
Gelb: Gelb und Weiß

1 Den Stoff straff spannen und ringsum an der mit Papier oder Plastikfolie abgedeckten Arbeitsfläche fixieren. Die Blumenschablone mittig auflegen und mit Klebeband befestigen. Die Fenster der äußeren Blattgirlande hellgrün ausmalen. Auf dunklem Untergrund muß eine zweite Farbschicht aufgetragen werden, wenn der Stoff die Farbe aufsaugt.

2 Die Blumenschablone unverändert liegen lassen. Die unteren Blütenblätter mit Kreppband abdecken, damit sie beim Schablonieren der Stengel nicht mit Farbe in Berührung kommen. Nun Stengel und Blattadern in dunklem Blaugrün ausmalen. Sehr sorgfältig arbeiten, damit die feinen Linien klar zum Ausdruck kommen.

Blumenschablone

Beide Schablonen für dieses Design auf 200 Prozent vergrößern (siehe S. 18/19).

Für dieses Dekor werden zwei Schablonen verwendet. Die Blumenschablone enthält die Rosenblüten und Stengel sowie einen Teil der Blattgirlande. Auf der Blattwerkschablone befinden sich sämtliche Rosenbuschblätter, die Blütenzentren und die restliche Blattgirlande.

3 Bei kreisförmiger Pinselführung die Blüten in Hellrosa schablonieren, die Blütenzentren aber freilassen. Nach dem Trocknen mit einem feinen Pinsel die Ränder der Blütenblätter dunkelrosa nachzeichnen.

4 Die Blumenschablone vorsichtig abnehmen und durch die Blattwerkschablone ersetzen. So positionieren, daß die Blütenzentren genau in der Mitte der Blüten liegen. Dann die Schablone festkleben.

Blattwerkschablone

5 Den Rest der Blattgirlande in dunklem Blaugrün ausmalen. Neben den hellgrünen Fenstern, die in Schritt 1 schabloniert wurden, sehen diese dunkler getönten Blätter so aus, als lägen sie im Schatten.

6 Nun das Rosenlaub in Mittelgrün schablonieren. Wenn die Schablone richtig positioniert ist, sind die mittelgrünen Blatteile genau um die in Schritt 2 ausgemalten Stengel und Adern angeordnet.

7 Zuletzt die gelben Blütenzentren färben. Sie sollten exakt in der Mitte der in Schritt 3 gefertigten Blütenblätter liegen. Wenn sie sich stellenweise mit dem Hellrosa überschneiden, ist das nicht weiter schlimm.

Wandbehang mit Gänseblümchen

Dieser bildschöne Wandbehang schmückt jedes Wohnzimmer, paßt aber natürlich genausogut über das Kopfende eines Bettes. Den Gobelin, auf dem unser Entwurf basiert, hat William Morris' Frau für ihr eigenes Schlafzimmer gearbeitet.

Bei diesem dekorativen Stück wechseln sich zwei stilisierte Gänseblümchenmotive ab. Rosa-, Gelb- und Cremetöne bestimmen die Blüten, bei Stengeln und Blättern herrschen Grün und Blau vor. In dem geometrischen Randdekor (siehe Foto gegenüber) wiederholen sich alle Farben.

Die Idee zu diesem Dekor beruht auf einem indigoblauen Serge-Wandbehang, den Janey Morris 1860, im ersten Jahr ihrer Ehe, für ihr Schlafzimmer im Red House mit leuchtend gefärbter Wolle bestickte. Der bezaubernde Entwurf dazu stammte von ihrem Mann.

William Morris setzte das Gänseblümchenmotiv bei verschiedenen Textilien, Tapeten und auf Glas ein. William de Morgan und Walter Crane griffen dieses Dekor auf und schmückten damit Kacheln, Keramiken, Bücher und Tapeten (siehe Seite 54). Das Gänseblümchen, das bereits in früheren Tapeten und mittelalterlichen Handschriften auftaucht, illustriert erneut, wie stark die Arts-and-Crafts-Bewegung von mittelalterlicher Ornamentik beeinflußt war.

Natürlich können Sie jedes Dessin auch einzeln und für kleinere Objekte verwenden – zum Beispiel für einen Kissenbezug. Als Borte bietet sich entweder ein einfacher Zierstreifen oder das hier verwendete geometrische Muster an. Es basiert ebenfalls auf Vorlagen aus dem frühen Mittelalter und ist einem bestickten Türvorhang abgeschaut, den der Textildesigner John Henry Dearle für Morris & Co entwarf.

Das Wandbild besteht aus zwei dünnen Lagen Leinen, die in der Waschmaschine mit Textilfarbe – Braun und Beige gemischt – eingefärbt wurden. Die Stofflagen wurden verstürzt zusammengenäht und entlang einer Querkante Aufhänger eingearbeitet. Unser Wandbehang mißt 170 x 100 cm. Natürlich können Sie die Größe beliebig variieren und entsprechend weniger (oder mehr) Motive verwenden, diese verkleinern (oder vergrößern) oder die Abstände verändern.

Vor Beginn der Schablonenmalerei werden mit Schneiderkreide das 8 cm breite Randdekor sowie die Position der Blumen angezeichnet (in der Mitte beginnen).

Zwei Gänseblümchenmotive wechseln sich ab: Eines hat zartgelbe Blüten mit leuchtend gelben Staubgefäßen und grüne Stengel, das andere creme- oder rosafarbene Blütenblätter und grüne Stengel mit hellgrünen Spitzen. Die Blätter sind jeweils bläulich.

Decken Sie Ihre Arbeitsfläche mit Zeitungspapier und Plastikfolie ab. Da Stoffe viel Farbe aufsaugen, müssen Acrylfarben mit ein oder zwei Tropfen Malmittel verdünnt werden.

SIE BRAUCHEN:

Dünnes Leinen, braun gefärbt
Malmittel
Acryl- oder Stoffmalfarben:
Blaugrün: Veronesergrün, Siena natur, Coelinblau und Weiß
Blau: Ultramarinblau, Coelinblau, Paynesgrau und Umbra natur
Hellgrün: Veronesergrün, Siena natur, Coelinblau, Weiß und Zitronengelb
Kräftiges Gelb: Weiß, Siena natur, Umbra natur und Permanentgelb dunkel
Zartes Gelb: Weiß, Siena natur, Umbra natur und Neapelgelb
Rosa: Weiß, Siena natur, Umbra natur und Permanentrosa
Creme: Weiß, Siena natur und Umbra natur

1 Alle vier Kanten mit einem blauen Streifen verzieren (Seite 23). Die Fünfeckschablone so anlegen, daß die waagrechten Seiten der Fenster an die Innenkante des blauen Streifens stoßen. In verschiedenen Farben ausmalen und trocknen lassen. Dann die Fenster zwischen die bereits kolorierten Felder plazieren. Mit anderen Farben ausmalen.

2 Die Dreieckschablone so anlegen, daß die Dreiecke zwischen die Spitzen der Fünfecke passen. Den inneren Streifen blaugrün, die Dreiecke blau ausmalen. In einem zweiten Arbeitsgang die fehlenden Dreiecke ausfüllen.

3 Mit abwechselnden Schablonen die Blumen erarbeiten: die Blätter blau, die Stengel blaugrün (ein Motiv hat hellgrüne Spitzen), die Blütenzentren dunkelgelb und die Blütenblätter zartgelb, rosa und cremefarben.

4 Vor Entfernen der einen Schablone die nächste bündig daran anlegen. Am Ende jeder Reihe die nicht benötigten Fenster mit Klebeband abdecken. Die Reihen so planen, daß die Gänseblümchen immer versetzt liegen.

Alle Schablonen für diesen Entwurf auf 167 Prozent vergrößern (siehe Seite 18/19).

Blüten in Creme und Rosa

Zierkante aus mehreren Elementen: Mit einer Schablone wird die blaue Balkenlinie gezogen. Es folgen eine Fünfeck- und eine Dreieckborte. Den inneren Abschluß der Bordüre markiert ein blaugrüner Streifen, der parallel zur Dreieckborte verläuft und auch auf derselben Schablone liegt.

Zentralmotiv für creme/rosa Blüten (großer Blütenkopf)

Zentralmotiv für creme/rosa Blüten (kleiner Blütenkopf)

Dreieck-schablone

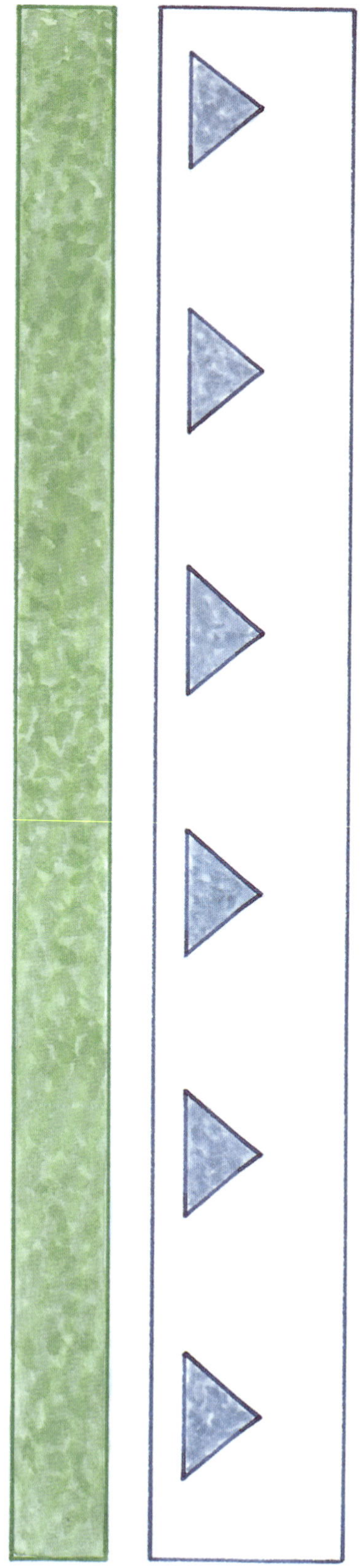

Blaue Balkenlinie

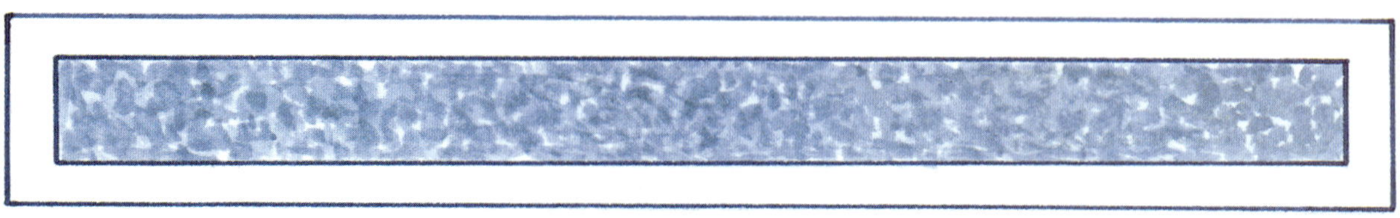

Fünfeckschablone

Gelbe Blüten

Es gibt Schablonen für die gelben und für die creme- und rosafarbenen Gänseblümchen. Eine große ausgeschnittene Blüte dient als Hilfsschablone für das Zentrum der großen gelben Blüten, eine kleine für das der kleinen gelben Blüten. Hilfsschablonen für die Zentren der großen und kleinen creme- und rosafarbenen Blüten sind auf Seite 52.

Zentralmotiv für gelbe Blüten (großer Blütenkopf)

Zentralmotiv für gelbe Blüten (kleiner Blütenkopf)

Wandschirmdesign »Lilie und Bellis«

Tapetenentwürfe von Walter Crane dienten als Vorlage für diese großformatige Verzierung. Obwohl das Motiv kompliziert wirkt und sorgfältige Farbabstimmung erfordert, ist es nicht besonders schwierig. Der schmuckvolle Paravent lohnt die Mühe allemal.

Jedes Wandschirmpaneel ist in zwei Teile gegliedert, die durch eine Zierleiste getrennt sind. Das untere Drittel ist als Wiese mit Gänseblümchen – oder: Bellis – und Grasbüscheln konzipiert. Darüber befindet sich eine stilisierte Vase mit zauberhaften weißen Lilien (siehe großes Foto).

Dieses Design basiert auf zwei Tapetenentwürfen von Walter Crane, *The Lily and the Dove* und *La Margarete* (siehe Seite 11). Zu dem Set gehörte noch eine dritte Tapete, die hier nicht benutzt wird. Sie illustrierte die griechische Sage um die Königstochter Alkestis. Alle drei Motive bilden eine Allegorie, wobei die Lilien Reinheit und die Bellis Unschuld repräsentieren. Cranes Gänseblümchen ähnelt dem von William Morris (siehe Seite 50), was nicht weiter verwundert, da beide Vorlagen dem Mittelalter entspringen.

Für unsere Schablone wurde die Lilie stilisiert. Die Sonnenblumenbordüre, die die beiden Bildflächen trennt, lehnt sich stark an die von Walter Crane an. Sie ist jedoch größer. Möglicherweise müssen Sie das Maß nochmals verändern, um das Design an Ihren Paravent anzupassen.

Bestimmen Sie den Abstand zwischen den Einzelmotiven, bevor Sie den Hintergrund kolorieren. Eventuell müssen Sie die Aufteilung etwas abändern. Die Bellis- und Grasschablonen können natürlich auch zur Dekoration der Paraventrückseite benutzt werden.

Die Vasenschablone zeigt nur die Hälfte des Gefäßes, da sie während der Arbeit einfach gespiegelt wird. Schneiden Sie die Schablone etwas breiter (siehe Schritt 7), damit in der Mitte kein Absatz entsteht. Eine Markierung im Zentrum der Schablone hilft beim Positionieren.

SIE BRAUCHEN:

Dispersionsfarbe in Zimt und Hellblau
Einlaßgrundierung (matt)
Acryllack (matt)
Acrylfarben:
Grünbraun: Umbra natur, Siena natur, etwas Weiß und etwas Veronesergrün
Blaugrün: Preußischblau, Siena natur, etwas Paynesgrau und etwas Weiß
Oliv: Veronesergrün, Siena natur und etwas Weiß
Weiß: Weiß, etwas Siena natur und etwas Umbra natur
Rosa: Karmesinrot, Umbra natur und Weiß
Orange: Orange
Rot: Naphtholrot (Permanentrot dunkel) und Umbra natur

1 Wandschirmpaneele auf Höhe des unteren Drittels mit 2,5 cm breitem Kreppband abkleben. Die Fläche oberhalb dieser Trennlinie in Hellblau, die untere in Zimt streichen. Trocknen lassen, das Band abziehen und den freien Streifen in Grünbraun ausmalen (beidseitig mit Kreppband abkleben).

2 Die trockenen Flächen mit Einlaßgrundierung versiegeln. Den Rahmen mit blaugrüner Acrylfarbe streichen; lackieren. Nun werden die einzelnen Felder der Reihe nach schabloniert. Bei den Bellis Blätter und Stengel in Olivgrün ausmalen, die Blattspitzen nur leicht färben.

3 Zuerst die Blüten der Bellis weiß schablonieren. Nach dem Trocknen die Blütenblätter rosa umranden. Dann mit der kleinen Hilfsschablone die orangefarbenen Blütenzentren einsetzen.

4 Circa 1 cm über den Fenstern der Sonnenblumenschablone eine Linie ziehen. Die Schablone so auflegen, daß diese Linie mit der Unterkante des grünbraunen Streifens übereinstimmt, der die beiden Farbfelder trennt. Die Schablone am Rand hochklappen, damit der Rahmen des Paravents nicht verschmiert wird.

5 Die Sonnenblumenbordüre schablonieren: Die herzförmigen Blütenblätter und die kleinen Kreise in Olivgrün ausmalen; für die Blütenzentren Olivgrün mit Blaugrün mischen; die restlichen Details in Blaugrün ausarbeiten.

6 Eine Reihe Gras in Olivgrün neben den oberen Blüten des Bellis-Motivs, eine unter den unteren Bellis schablonieren. Zwischen den Motiven eine dritte Grasreihe einfügen. In die Leerräume einzelne Grasbüschel malen.

7 Die Vasenschablone rot ausmalen und die Schablone für die zweite Hälfte umdrehen. Das Motiv fertigstellen, bevor die Farbe trocknet. Die Mitte heller, die Ränder durch Zugabe von Umbra natur dunkler gestalten.

8 Mit der Schablone für den unteren Stengelteil drei olivgrüne Stengel mit blaugrünen Blättern erstellen. Mit dem mittleren beginnen und für den dritten Stengel die Schablone spiegeln. Die seitlichen Stengel schräg ausrichten.

9 Die Stengel mit der Schablone für den oberen Stengelteil nach oben verlängern. Erst die linke Seite des mittleren Stengels malen und dieselben Farben wie in Schritt 8 verwenden. Die Schablone sehr vorsichtig anlegen.

10 Die Schablone für den oberen Stengel umdrehen und die rechte Seite des mittleren Stengelteils in Blau- und Olivgrün ausmalen. Dann den rechten Stengel schablonieren, danach den linken Stengel.

11 Mit der Doppelknospenschablone und dann der Einzelknospenschablone die drei mittleren Blütenknospen anfertigen: Blätter und Stengel wie zuvor, die Knospen weiß mit zartrosa Rändern schablonieren.

12 Restliche Blüten mit Blütenschablone erstellen. Blätter und Stengel nur wenn nötig schablonieren. Die äußeren Staubgefäße in Orange, das mittlere in Olivgrün ausmalen. Kahle Stellen mit Blättern ausfüllen.

13 Mit der Einzelknospenschablone (auch gespiegelt anwenden) die restlichen Knospen hinzufügen. Die Arbeitsschritte 12 bis 13 auf den anderen Paneelen wiederholen. Zuletzt den ganzen Wandschirm lackieren.

Bellis-Motiv

Vase

Hilfsschablone für Zentrum der Bellis-Blüte

Bellis- und Grasschablone werden für den unteren Teil der Paraventflächen benutzt (und gegebenenfalls auch für die Rückseite). Die Vasenschablone zeigt die Hälfte des fertigen Gefäßes, sollte aber breiter als abgebildet zugeschnitten werden.

Grasschablone

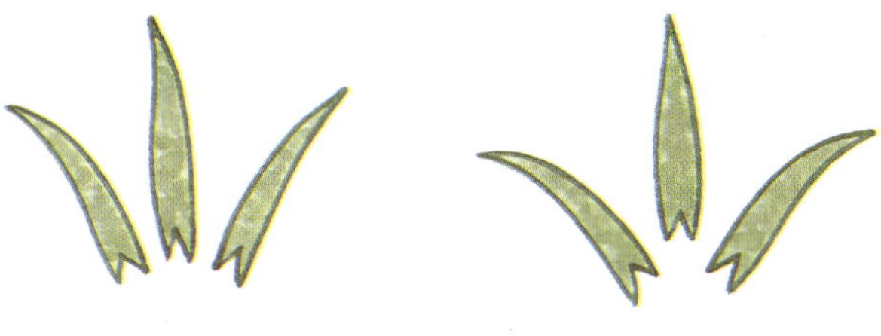

Alle Schablonen für dieses Arbeit auf 167 Prozent vergrößern (siehe Seite 18/19).

Die beiden Stengelteile der Lilie werden zu einem langen Stengel zusammengefügt. Es werden beide Seiten der Schablonen benutzt. Die Sonnenblumenbordüre wird über die gesamte Wandschirmbreite als fortlaufendes Muster verwendet.

Sonnenblumen-bordüre

Lilie: Unterer Stengelteil

Lilie: Oberer Stengelteil

Lilienblüte und -knospen bilden den Abschluß der Stengel. Verwenden Sie für eine Hälfte des Motivs die eine Seite der Blütenschablonen. Anschließend die Schablonen umdrehen und die zweite Seite anfertigen.

Lilienblüte

Lilie: Doppelknospe

Lilie: Einfachknospe

ESSZIMMER UND KÜCHE

Die beiden Vorschläge, die Sie in diesem Kapitel zur Eßzimmergestaltung finden, fallen durch außergewöhnlichen Dekorationswert ins Auge. Die mehrfarbig bemalte Anrichte, die auf den folgenden Seiten beschrieben wird, zählt zu den aufwendigsten Dekorationen dieses Buches, während der in Schwarz und Gold gehaltene runde Eßtisch (Seite 68–71) durch schlichte Eleganz besticht. Natürlich können Sie auch Eßzimmervorhänge, -fußböden oder -wände mit Schablonen verzieren. Ihrer Phantasie sind dabei keine Grenzen gesetzt.

In der Küche bietet sich eine Fülle von Gestaltungsmöglichkeiten. Das Kachelmuster (Seite 76–79) ist eine attraktive Alternative zu echten Schmuckfliesen, und die zauberhafte Halbgardine (Seite 72–75) macht sich in der Küche genausogut wie im Eßzimmer oder Bad. Weitere zum Schablonieren geeignete Flächen sind einfarbig bemalte oder Naturholzschranktüren, Tellerborde, Küchenbüfetts, der Fußboden und eine Vielzahl kleinerer Accessoires – vom Gewürzregal über Küchenrollenhalter bis hin zum Tablett.

Anrichte und Sets mit Früchtedekor

Der untere Teil der Anrichte und die dazu passenden Platzdeckchen wirken wie handgemalt. Die kunstvoll dekorierten Türen des Büfetts, die auf einem Entwurf von William Morris' Werkstätten basieren, kontrastieren aufs schönste mit dem schlichten Aufsatz.

Jedes Türfeld der Anrichte und jedes Platzdeckchen (siehe großes Foto) zeigt eine andere Obstsorte. Der Eindruck von »Gemälden« entsteht durch sorgfältige Schattierung, Liebe zum Detail und durch das Fehlen von Stegen, die nachträglich von Hand kaschiert werden.

1866 erhielt William Morris' junge, aber aufstrebende Firma den Auftrag, einen Raum für das South Kensington Museum (heute: Victoria & Albert Museum) zu gestalten. Dieser mittlerweile William Morris Room genannte »Green Dining Room« ist auch heute noch dort zu bewundern. Als Teil der Dekoration bemalten Edward Burne-Jones und Charles Fairfax-Murray die oberen Felder der Täfelung. Diese Paneele, die verschiedene Obstbaumzweige vor goldfarbenem Hintergrund zeigen, dienten als Vorlage für die schablonierten Fruchtmotive unserer Anrichte und der darauf abgestimmten Sets. Die schmuckvollen Umrandungen entstanden nach Zierleisten auf einem 1858 von William Burges entworfenen Schrank, der heute ebenfalls im William Morris Room steht.

Die folgenden Anleitungsschritte beziehen sich auf die Anrichte. Die Platzdeckchen werden ebenso ausgearbeitet wie die Holzkassetten der Türen, bekommen jedoch ein anderes Randdekor. Auf Kork kann man wunderbar schablonieren. Da er jedoch viel Farbe aufsaugt, muß besonders sorgfältig gearbeitet werden – Farbschmierer sind kaum mehr zu beseitigen. Zwei Schichten mit Polyurethanlack schützen die fertigen Sets gegen Feuchtigkeit und machen sie hitzebeständiger.

Die Anrichte wird vor Beginn der Schablonierarbeit mit Dispersionsfarbe gestrichen und nach dem Dekorieren mit Acryllack versiegelt. Mischen Sie dem Lack vorher etwas Umbra natur bei, um die Leuchtkraft der Farben zu mäßigen.

SIE BRAUCHEN:

Grundierung in Rotbraun und Gelbtönen
Acryllack (matt) für die Anrichte – getönt mit Umbra natur
Polyurethanlack (matt) für die Sets
Acrylfarben:
Dunkelgrün: Veronesergrün, Paynesgrau und Umbra natur
Hellrosa: Weiß und sehr wenig Karmesinrot
Mittelrosa: Weiß und Karmesinrot
Gelbgrün: Veronesergrün und Permanentgelb dunkel
Senf: gebrannte Umbra
Rot: Karmesinrot, Umbra natur und etwas Weiß
Purpur: Karmesinrot, Umbra natur, Paynesgrau und Violett
Gelb: Neapelgelb
Hellgrün: Veronesergrün und Neapelgelb

1 Erst die Anrichte streichen. Die Türfelder werden gelb, die restlichen Flächen rotbraun gestrichen. Die Innenkanten der Türfeldblenden von Hand mit einem sehr feinen Pinsel dunkelgrün kolorieren.

2 Die Kanten der Birnenzweigschablone so umknicken, daß sie exakt in das Türfeld paßt. Falls nötig mit Kreppband fixieren. Blätter und Stengel dunkelgrün schablonieren. Dabei Blüten und Früchte eventuell mit Karton abdecken.

3 Karton von den Blüten und Birnen entfernen – sofern sie vorher abgedeckt waren. Jetzt die Blütenblätter in der Mitte hellrosa, am Rand mittelrosa kolorieren.

4 Die Früchte mit Gelbgrün ausmalen. Die Ränder etwas dunkler kolorieren. In der Mitte jeder Birne ein kleines Stückchen freilassen, damit der gelbe Untergrund des Türfeldes als »Lichter« durchscheint.

5 Die Schablone abnehmen und das Motiv von Hand fertigstellen: Stege mit feinen dunkelgrünen Linien abdecken. Mit gebrannter Umbra Blattadern und Staubbeutel zeichnen und die Birnen leicht »tüpfeln«.

6 In die anderen Türfelder gelbgrüne Äpfel, rote Kirschen und purpurne Feigen einarbeiten. Mit gebrannter Umbra kleine Flecken auf die Äpfel und Furchen auf die Feigen malen. Manche Feigen mit roten Rissen versehen.

7 Oben am Regalaufsatz und Sockel von Hand dunkelgrüne Linien ziehen. Am Sockel drei Sockelmotive schablonieren – in der Mitte das größere Dessin anwenden, rechts und links das kleinere.

8 Brettkanten des Regalaufsatzes mit Strich-und-Punkt-Schablone bearbeiten. Von der Mitte – mit einem Punkt beginnend – nach außen schablonieren. Punkte bei zu schwacher Färbung nachmalen. Den Aufsatz lackieren.

Alle Schablonen für diese Designs auf 167 Prozent vergrößern (siehe Seite 18/19).

PLATZDECKCHEN

Die vier Sets aus Kork werden mit denselben Acrylfarben schabloniert wie die Anrichte. Jedes Platzdeckchen zeigt eines der vier Obstmotive, die auch das Büfett schmücken: einen Kirsch-, Apfel-, Birnen- oder Feigenzweig. Das Randdekor wird nur für die Sets verwendet.

9 Die waagrechten Zierstreifen zwischen den Türfeldern mit entsprechender Schablone in Gelb ausmalen. Dann mit der ausgeschnittenen Blütenform die Blütenzentren in rotbrauner Dispersionsfarbe kolorieren.

10 Senkrechte Zierstreifen in die Seiten neben den Türfeldern einarbeiten. Schablone zweimal anlegen und mit der Blüte (Kreise und Blätter) vollenden. In Gelb ausmalen, die Blätter hellgrün nacharbeiten.

11 Die Zierstreifenschablone abnehmen und durch die dazugehörige Umrißschablone ersetzen. Die Fenster müssen genau über den gelben Flächen liegen. Alle gelben Felder dunkelgrün umranden. Lackieren.

Schablonen für die Anrichte: die vier Obstmotive, der waagrechte Zierstreifen (plus Blütenzentrum), der senkrechte Zierstreifen (plus Umriß), die Sockelmotive und die Regalbrettleiste. Für die Sets werden nur die Obstzweigschablonen und eine Zierleiste verwendet.

Hilfsschablone Blütenzentrum

Waagrechter Zierstreifen

Senkrechter Zierstreifen

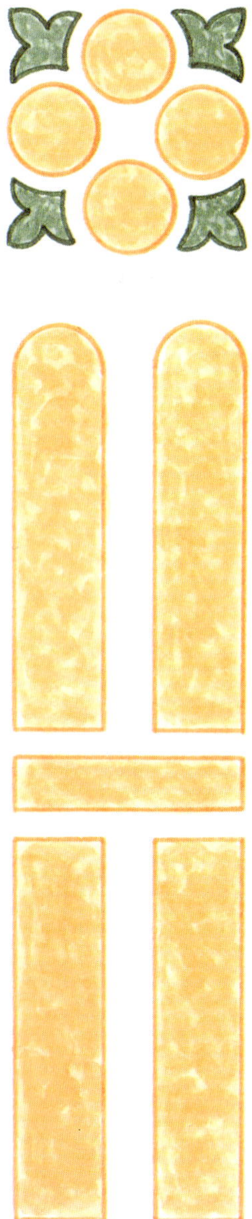

Zierleiste für Sets

Sockelmotive

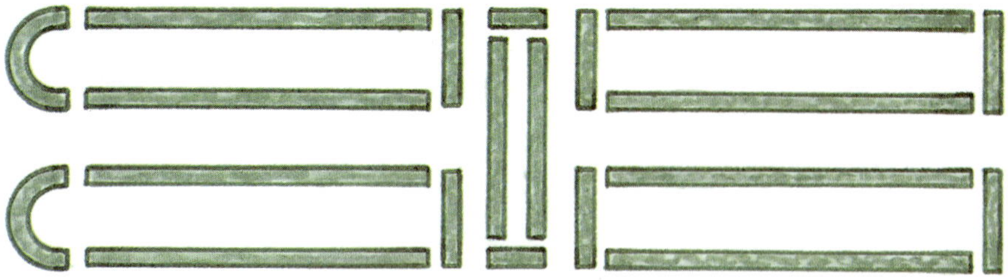

Umrißschablone für senkrechten Zierstreifen

Kirschzweig

Birnenzweig

Schablone für Regalbrettleisten

Apfelzweig

Feigenzweig

Eßtischbordüre »Eichenlaub«

SIE BRAUCHEN:
Dispersionsfarbe in mattem Schwarz
Einlaßgrundierung (matt)
Malmittel (Acrylmedium)
Acryllack (matt)
Acrylfarben:
Elfenbein: Weiß und Siena natur
Rotbraun: Oxidrot
Ocker: Siena natur mit Malmittel vermischt
Gold: Rotgold auf Wasserbasis

Die Rundschablone – basierend auf einem Holzschnitt, den William Morris für den Kelmscott Chaucer *entwarf – verwandelt einen schlichten Holztisch in ein elegantes Möbelstück. Von dem mattschwarzen Hintergrund hebt sich das rotgoldene Motiv äußerst vornehm ab.*

Verschlungene Eichenblätter und Eicheln schmücken sowohl das Zentrum als auch den Rand dieser runden Tischplatte. Sie können das Muster beliebig vergrößern oder verkleinern und natürlich auch für eine Tischdecke benutzen. Von Hand eingezeichnete Golddetails geben dem Ganzen den letzten Schliff.

Zu diesem Eichenblattmotiv hat mich einer der Rahmen im *Kelmscott Chaucer* inspiriert, den Morris für die Illustrationen von Burne-Jones entwarf. Das Buch erschien kurz vor Morris' Tod bei Kelmscott Press, einem Verlag, den Morris 1891 mitbegründet hatte.

Das Schablonenmuster ist eng an Morris' angelehnt. Das Elfenbeinweiß auf schwarzem Grund erinnert an einen Holzschnitt und wirkt von Ferne fast wie eine Einlegearbeit. Die verschlungenen Eichenzweige mit den dekorativen Blättern und Eicheln machen sich am Rand eines runden Tisches sehr gut, für die Tischmitte habe ich eine etwas vereinfachte Version gewählt. Der hier benutzte Tisch mißt im Durchmesser 1,50 m. Ist Ihre Tischplatte größer oder kleiner, müssen Sie die Schablonen entsprechend abändern. Versiegeln Sie die Platte mit schützendem Mattlack. Sanft schimmernden Glanz erreichen Sie – falls gewünscht – mit Möbelpolitur.

1 Den Tisch mit mattschwarzer Dispersionsfarbe streichen. Mit Stahlwolle anrauhen und anschließend mit Einlaßgrundierung versiegeln. Tischmitte mit Kreide markieren und das Loch im Zentrum der Mittelschablone darüberlegen. Die Blätter in zwei Schichten mit Elfenbeinweiß schablonieren, Kreislinien und Mittelpunkt rotbraun ausmalen.

2 An einigen ausgewählten Stellen mit Malmittel stark verdünnte Ockerfarbe über die Blätter und Eicheln pinseln. Auf keinen Fall zuviel Farbe auftragen oder sie zu gleichmäßig verteilen. Ziel dieses Schrittes ist, das Ganze wie vergilbtes Elfenbein wirken zu lassen.

3 Mit Hilfe der ausgeschnittenen Blattzentren die Blattadern in hellem Rotbraun einzeichnen. Dabei mit einem sehr feinen Pinsel arbeiten und besonders auf die Spitzen achten, damit keines der zarten Details verlorengeht.

4 Nun mit der Randschablone Stück für Stück die äußere Dekorleiste erstellen. Bis auf die innere Linie (mit Karton abdecken) das Motiv mit zwei Schichten in Elfenbeinweiß schablonieren. Damit das Muster aufgeht – und um häßliche Übergänge zu vermeiden –, kleine Abweichungen einarbeiten.

5 Auch hier das Elfenbeinweiß mit stark verdünntem Ocker etwas »vergilben«. Die Schablone liegen lassen und die innere Linie mit Rotbraun ausmalen. Dabei die eng benachbarten Elfenbeinfenster vorsichtshalber abdecken. Mit der Hilfsschablone die Blattadern in Rotbraun einzeichnen.

6 Zuletzt die rotbraunen Linien von Hand mit Goldfarbe überstreichen. Das Gold so dünn auftragen, daß das Rotbraun durchscheint. Kleine Goldtupfer auf die Eicheln setzen. Zusätzlich kann die Außenkante der Tischplatte braun-gold koloriert werden. Mit zwei Schichten Acryllack die Arbeit versiegeln.

Hilfsschablonen für Blattadern

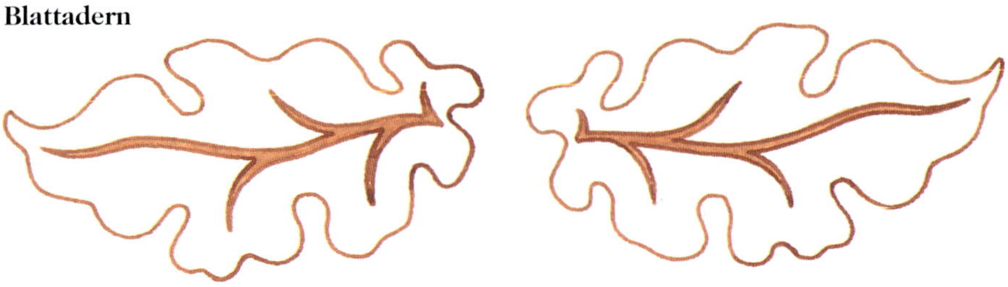

Alle Schablonen für dieses Objekt auf 250 Prozent vergrößern (siehe Seite 18/19).

Die ausgeschnittenen Zentren der Eichenblätter dienen zum Schablonieren der Blattadern.

Tischrandschablone

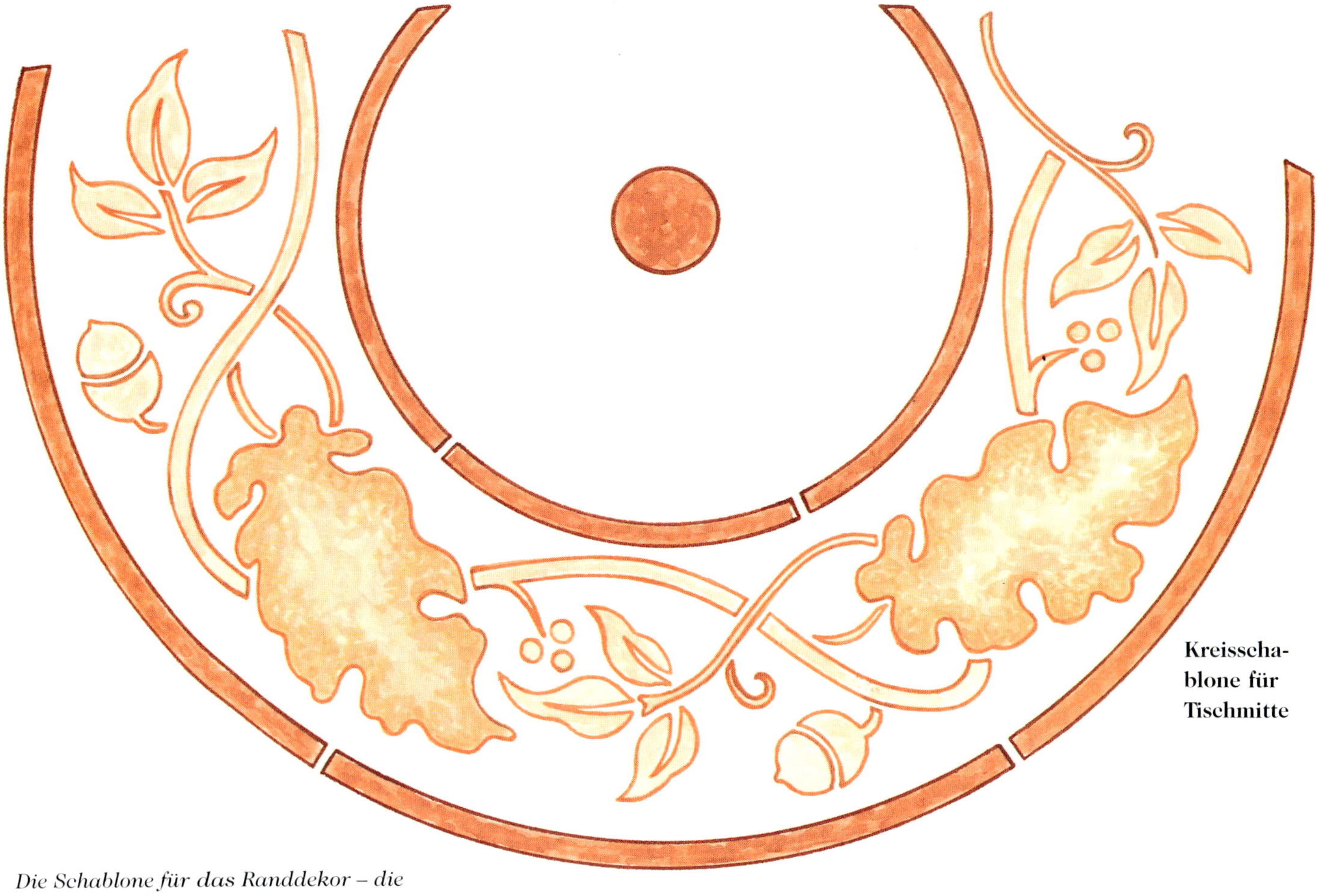

Kreisschablone für Tischmitte

Die Schablone für das Randdekor – die Vorlage muß entlang den gestrichelten Linien zusammengesetzt werden – umgibt als fortlaufendes Muster den ganzen Tisch. Die Schablone für die Tischmitte umfaßt mehr als die Hälfte des Schmuckrings. Beim Schablonieren des gesamten Kreises überlappen sich Originalschablone und gespiegelte Schablone, was häßliche »Nahtstellen« verhindert.

Halbgardine mit Kornblumenmuster

Luftig leicht wirkt diese Baumwoll-Halbgardine, wenn das Licht durch die zarten schablonierten Kornblumen und Gräser fällt. Das diagonal gefertigte Design ist einem Kacheldekor von William de Morgan nachempfunden.

Bei diesem Design laufen Diagonalstreifen mit Kornblumen und Grasbüscheln – einander überkreuzend – über den Stoff. Die mit leichtem Pinselstrich gezeichneten Gräser und die etwas kräftiger gefärbten Blumen vermitteln den Eindruck luftiger Bewegtheit (siehe großes Foto).

Das Design für den leichten Baumwollstoff basiert auf einer 15 cm großen Lüsterkachel von William de Morgan. Die Motive sind mit so leichter Hand gezeichnet, daß sie sich optimal zum Textildruck anbieten. Die diagonal gefertigten Dekostreifen – Gräser und Kornblumen – verleihen dem Ganzen die frühlingshafte Frische einer Blumenwiese.

Da jede Schablone nur in einer Farbe koloriert wird, ist der Vorhang relativ einfach zu realisieren, wirkt in fertigem Zustand aber überraschend aufwendig. Für dieses Projekt wurden kühle Grün- und Blautöne gewählt, Sie können aber natürlich auch andere Farbkombinationen nehmen – zum Beispiel ein rötliches Braun für die Blumen und Gelb für die Gräser. Übrigens macht sich das Dessin auch sehr schön als sommerliche Tischdecke oder Bettüberwurf.

Der Stoff wird vor dem Nähen schabloniert. Planen Sie also genügend Zugaben für Seitennähte, Saum und oberen Abschluß ein. Üben Sie das Schablonieren zuerst auf einem separaten Stoffstück. Der Vorhang kann von Hand gewaschen werden, sofern Sie Stoffmalfarben verwenden und diese nach den Angaben des Herstellers fixieren.

Zeichnen Sie vor Beginn der Arbeit auf der Kornblumenschablone im Abstand von ca. 22 cm zwei senkrechte und zwei waagrechte Linien auf. Die Grasschablone wird mit drei waagrechten und drei senkrechten Linien markiert, die jeweils ca. 11 cm auseinanderliegen. Diese Rasterung hilft, die Motive im gleichmäßigen Abstand und richtigen Winkel zu positionieren.

Da die Farbe durch das dünne Gewebe dringt, muß die Arbeitsfläche mit mehreren Lagen Papier oder Folie abgedeckt werden. Darauf ziehen Sie den Stoff so straff wie möglich und fixieren ihn entlang den Kanten mit Klebeband.

SIE BRAUCHEN:

Baumwollbatist (oder ähnlicher Stoff) in Weiß oder heller Farbe
Schneiderkreide
Stoffmalfarben:
Grün: **Hellgrün, Weiß und etwas gebrannte Siena**
Blau: **Ultramarinblau, Weiß und etwas gebrannte Siena**

1 Mit der Randschablone entlang den Seiten und der Unterkante zwei blaue Streifen erstellen (siehe Seite 23). Den Stoff dabei nicht ziehen. Das beste Resultat erzielt man durch streichende Bewegungen in nur eine Richtung.

2 Mit Hilfe eines Zeichendreiecks oder eines Dreiecks aus Karton in der rechten unteren Ecke die Position der ersten Grasdiagonale festlegen. Mit Schneiderkreide (kann später ausgebürstet werden) eine Linie ziehen.

3 Die Grasschablone über Eck anlegen. Dabei einen Rasterstrich der Schablone auf Deckung mit der gezogenen Kreidelinie auf dem Stoff bringen. Die Stellen, an denen die Schablonenfenster den Randstreifen schneiden, mit Kreppband abdecken. Das Grün soll kurz vor dem inneren Streifen enden.

4 Die Grashalme leicht in Grün kolorieren. Den Stoff dabei nicht verziehen. Dann die Schablone abnehmen und daneben so anlegen, daß sie sich am Raster ausrichtet. Den gesamten Stoff mit dem Grasdekor schablonieren. Bei Überlappung mit den Randstreifen die jeweiligen Schablonenteile abdecken.

5 Zweite Schablone so in der rechten Ecke anlegen, daß sich die Rasterlinien mit den auf dem Stoff markierten Linien decken. Am Randstreifen überlappende Fenster abdecken. Motiv blau ausmalen. Beim Neuanlegen der Schablone die fertigen Blumen zu Hilfe nehmen. Ganzen Stoff schablonieren. Nach dem Trocknen die Farben fixieren.

Alle Schablonen für dieses Dessin auf 250 Prozent vergrößern (siehe Seite 18/19).

Es wird mit drei Schablonen gearbeitet: eine für die Randstreifen, eine für das Gras und eine dritte für das Kornblumenmuster. Schneiden Sie die Gras- und Kornblumenschablonen so groß, daß sie mindestens jeweils zwei Motive enthalten. Die Blütenteile am rechten und linken Rand der Schablone sind als Positionierhilfe gedacht.

Grasbüschelschablone

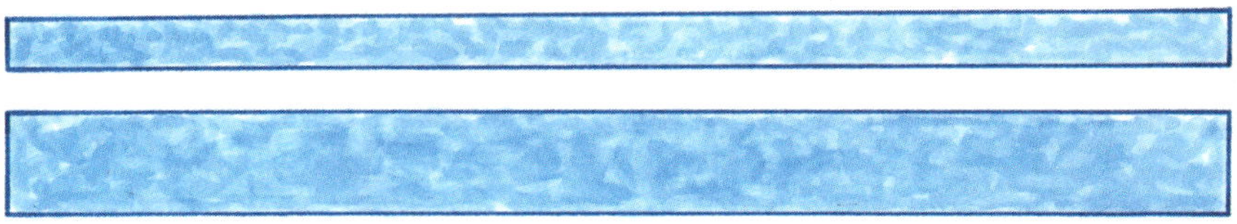

Randstreifen

Kornblumenschablone

Kachelmotiv »Schwan und Zweig«

Ein stilvolles Dekor, das optisch an eine Fliesenbordüre erinnert und in Speisekammer oder Küche ebenso dekorativ wirkt wie im Bad. Das Muster ist eine Interpretation von handbemalten Kacheln des namhaften Arts-and-Crafts-Architekten Philip Webb.

Das kachelartige Dessin besteht aus einem Schwanenmotiv und einem Zweigornament, die schachbrettartig kombiniert und von einer schnörkeligen Randverzierung umgeben sind (siehe großes Foto). Aufgemalte rosa »Fugen« und eine gelbe Linie am inneren Rand der Bordüre machen die Illusion (fast) komplett.

Die blau-weißen Kacheln, denen dieses Muster nachempfunden ist, schmücken den Kamin in der Old Hall des Queen's College in Cambridge. Der Entwurf stammt von Philip Webb, einem der Mitbegründer von Morris' Werkstätten, in denen die Kacheln 1862 auch gefertigt wurden. In Cambridge bilden sie den Hintergrund zu anderen schmuckvollen Kacheln, die die zwölf Monate darstellen.

Morris hatte eine Vorliebe für blau-weiße Kacheln und setzte sie vor allem in den Anfangsjahren seiner Firma häufig ein. Ein weiterer 1862 hergestellter Kaminaufsatz der Firma zeigt dieselben Philip-Webb-Kacheln zusammen mit sechs Fliesen des Malers Edward Burne-Jones, die die Geschichte von der Schönen und dem Biest illustrieren.

Jede der Webb-Kacheln ist in 16 winzige Quadrate aufgeteilt, die entweder Schwäne oder Zweige zeigen. Für unser Projekt wurden die Einzelmotive vergrößert und durch aufgemalte »Fugen« getrennt. Der originale Kaminaufsatz trägt eine Umrahmung aus blau-weißen Randkacheln, deren Dessin der Musterung der hier gewählten Borte ähnelt. An der Innenseite der originalen Borte verläuft eine gelbe Linie, die hier ebenfalls aufgegriffen wurde.

Das dekorative Design paßt ausgezeichnet in Küchen oder Bäder im Landhausstil, wirkt aber auch in Kombination mit modernen Möbeln raffiniert. Sofern Sie das Blau-Weiß der Vorlage aufgreifen möchten, können Sie mit Blau auf einen mit weißer Dispersionsfarbe gestrichenen Untergrund schablonieren. Allerdings – wie die Abbildung rechts zeigt – macht sich auch bläulich abgetönte Farbe sehr gut. Und selbstverständlich können Sie direkt auf einer hellblau getünchten Wand arbeiten (siehe Seite 17). Da die Oberfläche nach dem Schablonieren versiegelt und damit abwaschbar wird, bietet das Dekor eine echte Alternative zu richtigen Kacheln.

Ein weiterer Vorteil dieser Schablone liegt in ihrer vielseitigen Verwendbarkeit. Sie können damit kleine Flächen – wie einen Schachteldeckel – ebenso verzieren wie ganze Wände. Vergrößern oder verkleinern Sie die Vorlage einfach mit Hilfe eines Fotokopierers auf das gewünschte Maß.

SIE BRAUCHEN:
Dispersionsfarbe in Hellblau oder Weiß
Polyurethanlack (matt)
Acrylfarben:
Blau: Ultramarinblau, Weiß, Paynesgrau und sehr wenig Karmesinrot
Gelb: Permanentgelb dunkel und Neapelgelb
Rosa: Weiß und Oxidrot

1 Mit Bleistift, Wasserwaage und Zeichendreieck die Außenränder der Fläche markieren, die schabloniert werden soll. Beachten, daß die Motive ohne große Zwischenräume in die markierte Fläche passen. Die Randverzierung blau ausmalen. Entlang den inneren Zierbortenkanten und zwischen den Motiven waagrechte Linien für die »Fugen« ziehen. Motivabstand ausmessen und die senkrechten Begrenzungen markieren.

2 Mit einem Zeichendreieck an den markierten Stellen die senkrechten Linien einzeichnen, damit exakte Quadrate entstehen. Die Bleistiftlinien dürfen ruhig gut sichtbar sein, da sie später von den rosafarbenen »Fugen« überdeckt werden bzw. diese noch echter aussehen lassen und den richtigen Flieseneffekt zusätzlich verstärken.

3 Die Zweigschablone so anlegen, daß sie mittig im linken oberen Quadrat sitzt, und mit Kreppband fixieren. Alle Zweigmotive werden in der gleichen Richtung – Hauptstengel von links unten nach rechts oben – aufschabloniert. Mit relativ dickem Pinsel und kreisförmigen Pinselstrichen den Zweig blau kolorieren.

4 Die Schwanenschablone positionieren. Den Schwan blau schablonieren, die Farbe in der Mitte aber nur sehr dünn auftragen. Abwechselnd weitere Zweige und Schwäne erstellen, dabei die Farbintensität verändern.

5 Die Schablone für die gelbe Kante zentriert über der mit Bleistift gezogenen Linie entlang der Randbordüre anlegen. Mit kreisförmigen Bewegungen gelb ausmalen, die Farbe zum Ende der Schablone hin dünner auftragen. Bevor die Farbe trocken ist, die Schablone neu positionieren, so daß der heller kolorierte Teil überlappt wird. Schrittweise den gesamten Rand ausmalen.

6 Entlang den mit Bleistift gezogenen Linien von Hand rosa »Fugen« einzeichnen. Ist der Strich nicht 100prozentig gerade, wirkt es sogar natürlicher. Auch zwischen den Rapporten der Randverzierung rosa Linien ziehen. Nun sieht es so aus, als bestehe die Bordüre aus rechteckigen Fliesen. Die rosa Striche queren auch die gelbe Zierleiste.

7 »Fugen« werden nicht nur zwischen den einzelnen Kachelmotiven eingezeichnet, sondern auch (und zwar durchgehend) innerhalb der gelben Zierleiste und am äußeren Rand des Gesamtdekors. Diese äußeren Linien können auch in einem früheren Schritt gezogen werden. Das trockene Dekor mit Polyurethanlack versiegeln.

Sämtliche Schablonen für diese Dekoration auf 167 Prozent vergrößern (siehe Seite 18/19).

Für jedes »Kachel«-Motiv gibt es eine eigene Schablone: ein Schwanenmotiv, ein Zweigmotiv (beide für quadratische »Fliesen«) sowie eine Vorlage für die rechteckige Randverzierung. Auch die innere Zierleiste wird mit Hilfe einer Schablone gefertigt.

Fortlaufende Randverzierung

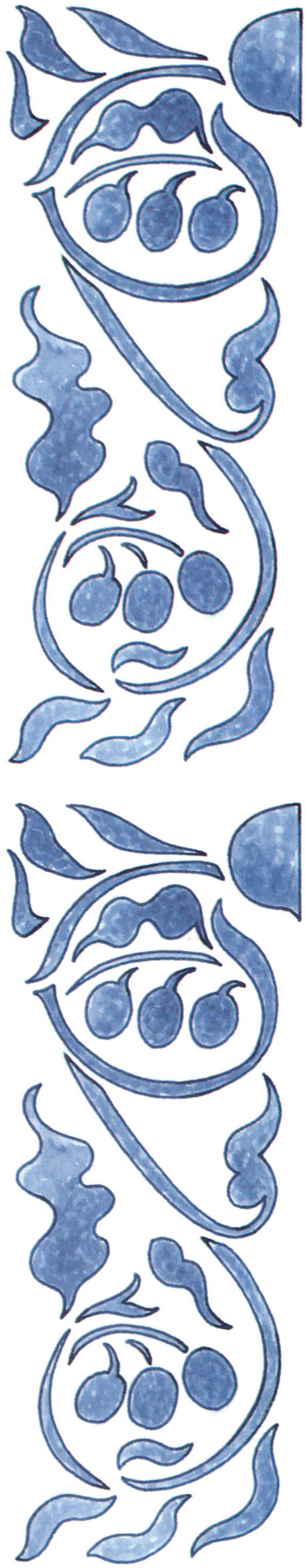

Zweigschablone

Schwanen-schablone

Innere Zierleiste

SCHLAFZIMMER UND BAD

Als größtes Möbelstück im Schlafzimmer kann gerade das Bett dekorative Akzente setzen. Mit dem bezaubernden Medaillonmotiv, das auf Seite 82–87 vorgestellt wird, werden sowohl Kopf- und Fußende Ihres Bettes als auch eine Tagesdecke zu zeitlos schönen Unikaten. Das zarte florale Design von Seite 93 macht sich auf einem Lampenschirm ebenso romantisch wie als Ornament für alle vier Schlafzimmerwände. Eine Alternative zur großflächigen Wandbemalung bildet der Tierfries (Seite 88–92). Er ist schnell gefertigt und findet besonders bei Kindern immer begeisterten Anklang. Sie können damit auch Möbel wie beispielsweise eine Spielzeugtruhe dekorieren. Viele Bäder verlangen förmlich nach individueller Gestaltung, und das Dekor von Seite 104–109 verwandelt selbst Naßzellen in ein kleines Luxusbad. Ist der Boden einfarbig gefliest, wird die stilvolle Bademattte (Seite 98–103) zum extravaganten Blickfang.

Florale Medaillons für Bett und Decke

Die Inspiration zu dieser zauberhaften Tagesdecke stammt von einem Bettüberwurf, den Morris' Frau vermutlich zum 60. Geburtstag ihres Mannes entwarf und stickte. Für das Bett haben wir dasselbe Blumenmotiv und größtenteils auch dieselben Farben gewählt.

Die ganze Tagesdecke (siehe großes Foto) ist mit zarten floralen Medaillons in Gelb, Kastanienbraun und Blaugrün verziert. Entlang den Kanten verläuft eine Zierborte im gleichen Braun und Gelb. Das Bett selbst wurde blaugrün gestrichen und mit dem floralen Motiv schabloniert.

In Kelmscott Manor, seinem Landhaus in Oxfordshire, schlief William Morris in einem prächtigen Himmelbett, dessen Vorhänge und Volants seine Tochter May mit selbstentworfenen Motiven bestickt hatte. Der Bettüberwurf seiner Frau Janey zeigt locker verstreute Blumen – darunter auch das Gänseblümchen, das Janey Morris schon bei ihrem ersten selbstgestickten Wandbehang (siehe Seite 50) benutzt hatte.

Wir haben uns bei der Tagesdecke auf ein Blumenmotiv beschränkt, doch das Medaillonmuster ähnelt dem Original wie auch die aparte Borte, die allerdings vergrößert wurde.

Die Decke ist leicht genäht. Sie müssen lediglich zwei Stoffbahnen aneinanderfügen, um die nötige Breite zu erhalten. Diese Naht muß sehr sauber gearbeitet sein und exakt in der Deckenmitte verlaufen. Zuletzt werden die Kanten gesäumt.

Dieser Bettüberwurf mißt 245 x 250 cm. Wählt man eine andere Stoffgröße, kann man die Schablone vergrößern, verkleinern oder die Abstände der Medaillons ändern. Berechnen Sie den Abstand zwischen den Medaillons vor Anfertigung der Schablone, damit Sie die Randbreite entsprechend zuschneiden können. Da die Schablone sehr filigran ist, muß sie beidseitig mit mehreren Lackschichten verstärkt werden. Decken Sie Ihre Arbeitsfläche mit Zeitungspapier oder Plastikfolie ab. Spannen Sie den Stoff straff und erstellen Sie Stück für Stück zuerst das Randdekor. Zum Schablonieren der Hauptfläche muß der Stoff nicht festgespannt werden.

SIE BRAUCHEN:

Bettüberwurf aus schwerer, heller Baumwolle
Lack (zum Versiegeln der Medaillonschablone)
Stoffmalfarben:
Kastanienbraun: Karmesinrot und gebrannte Siena
Gelb: Gelb und Weiß
Blaugrün: Blau, Grün und etwas Weiß

1 Den Stoff straffen und die untere linke Ecke an der Arbeitsfläche befestigen. Die Außenrandschablone wie abgebildet in der Ecke anlegen. Die Eckstellen, auf die der waagrechte Zierstreifen trifft, markieren und die sich überlappenden Fensterteile abdecken.

2 Nichtabgedeckte Fenster kastanienbraun ausmalen. Abdeckband entfernen und die Schablone verschieben. Übergänge kaschieren, solange die Farbe noch feucht ist. Die Schablone an der unteren linken Ecke waagrecht anlegen. Den ersten Diagonalstreifen und das Ende des Innenstreifens abdecken; den Rest kastanienbraun schablonieren.

3 Bis zum Ende der abgeklebten Fläche weiterarbeiten, dann zur ersten Ecke zurückkehren. Die Innenrandschablone zwischen die braunen Streifen legen, überlappende Stellen wie zuvor abdecken. In Gelb schablonieren, dabei die Übergänge – wie Seite 23 beschrieben – ausmalen. Zum Bortenende hin notfalls die Abstände etwas anpassen.

4 Mit Schneiderkreide den Mittelpunkt der Bettdecke markieren. Die Mittelraute der Medaillonschablone darüber positionieren und das Medaillon (nicht die Raute, sie ist die Paßmarke) gelb schablonieren.

5 Um die Positionierung der Nachbarmotive zu erleichtern, am Rand der Schablone weitere Markierungen anbringen. Diese Paßmarken beim Wiederanlegen der Schablone beachten und das nächste Medaillon in Gelb schablonieren. Die gesamte Decke mit Medaillons schmücken.

6 Die Blumenschablone innerhalb des mittleren Medaillons anlegen. Mit Hilfe eines Lineals auf der Schablone die Mittellinie (= Mittelnaht der Decke) anzeichnen oder durch Kerben markieren. An den Schablonenkanten auch die Medaillonlinien als Paßmarken anzeichnen, damit die Blüten in jedem Motiv gleich plaziert sind.

BETTENDE

Kopf- und Fußteil des Bettes werden nur mit den Blumen – ohne Medaillon – geschmückt. In der hier abgebildeten mittleren Kassette kommt die Schablone spiegelsymmetrisch zweimal zum Einsatz. Auf den seitlichen Kassetten befindet sich das Motiv jeweils nur einfach.

7 Die Kennzeichnung von Mittellinie, Kerben und Markierungsstellen auf der Schablone hilft zur exakten Positionierung des Blumenmotivs in allen Medaillons. Stengel und Blätter blaugrün ausmalen. Blattspitzen und Stengel sind sehr dünn, also entsprechend sorgfältig arbeiten und auch die Spitzen ausfüllen.

8 Die Blumen in Kastanienbraun schablonieren und zum nächsten Medaillon vorrücken. Wenn die Farbe an den Blättern geringfügig verwischt, macht dies die Blumen nur attraktiver. Alle Medaillons mit Blumen schmücken. Die Schablone kann dabei beidseitig verwendet werden. Zuletzt die Farben nach Angaben des Herstellers fixieren.

Alle Schablonen für dieses Design auf 250 Prozent vergrößern (siehe Seite 18/19).

Auf der Blumenschablone Platz für Markierungspunkte einkalkulieren. Da beide Seiten der Schablone verwendet werden, können Sie auch eine zweite mit spiegelverkehrtem Motiv anfertigen.

Blumenmotiv

Der Rand für die Medaillonschablone muß Platz für Positionierhilfen der Blumenschablone bieten (siehe Schritt 5). Die kleine Raute in der Mitte dient ebenfalls als Paßmarke. Sie wird zwar ausgeschnitten, aber nicht schabloniert.

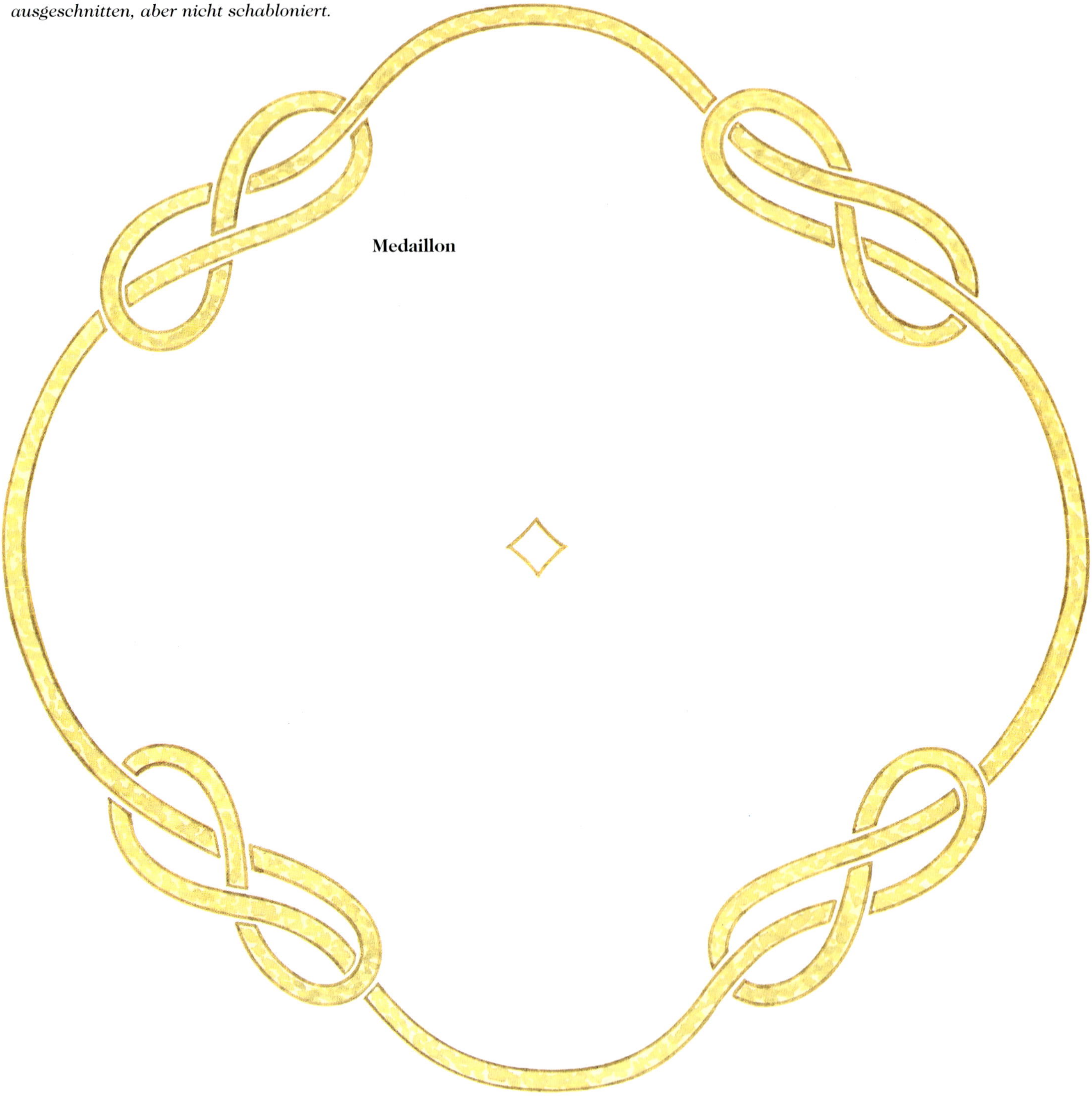

Die Außenrandschablone kommt bei der Umrandung der Tagesdecke zum Einsatz. Die Innenrandschablone mit zwei schmalen Streifen paßt genau dazwischen.

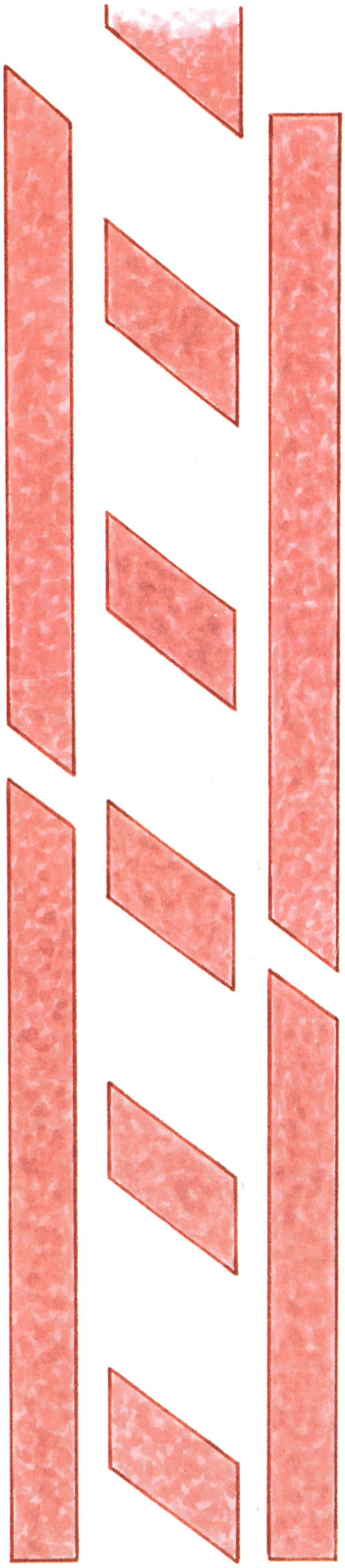

Innenrandschablone

Außenrandschablone

Tiermotive im Kinderzimmer

Eine Tapetenbordüre des Designers Heywood Sumner diente als Vorlage für einen bezaubernden Fries. Die Waldtiere, die sich zwischen dem Blattwerk tummeln, schmücken hier die Wände eines Kinderzimmers, passen aber auch auf eine Spielzeugtruhe.

Auf dem Fries wechseln sich Blüten- und Tiermotiv ab. Bei der Spielzeugtruhe wurde auf die Blüten verzichtet, während Tiere, Blattranken und Randverzierung auf das neue Format abgestimmt sind. Die Farbkombinationen sind ähnlich, aber nicht identisch (siehe großes Foto).

Ein Gobelin des Arts-and-Crafts-Designers Heywood Sumner lieferte die Idee zu diesem Fries. Gefertigt wurde der Wandteppich mit dem Titel *The Chase* (Die Jagd) 1908 in den Werkstätten von Morris & Co in Merton Abbey, Surrey.

Der Fries basiert auf einer Schmuckbordüre, bei der sich Quadrate und Rechtecke abwechseln. In den rechteckigen Feldern sind bewegte Tierszenen abgebildet, dazwischen liegen Quadrate mit einem stilisierten Blütenmotiv. Der Kontrast zwischen der fließenden Bewegtheit der Tierfelder und dem mehr statischen Charakter der Blüten verleiht dem Fries eine angenehme optische Rhythmik.

Seitenwände und Deckel der Spielzeugtruhe sind mit Elementen des Frieses bemalt. Schmuckleiste und Tiermotiv sind an das neue Format angepaßt und insofern freier gestaltet als der Fries. Hier können Sie einzelne Schablonenfelder nach Lust und Laune kombinieren.

SIE BRAUCHEN:

Naturschwamm
Einlaßgrundierung (matt)
Malmittel (Acrylmedium)
Acryllack (matt)
Acrylfarben:
Hellblau: Weiß, etwas Coelinblau und etwas Umbra natur
Grün: Veronesergrün vermischt mit etwas Malmittel
Türkis: Coelinblau, Umbra natur und etwas Weiß – vermischt mit etwas Malmittel

1 Mit Wasserwaage und Bleistift Ober- und Unterkante des Frieses anzeichnen und dann an der Außenseite dieser Linien Klebeband anbringen. Die Tierschablone ausmessen und nach dieser die Position der quadratischen Blütenmotive markieren.

2 Hellblaue Farbe mit Einlaßgrundierung verdünnen und auf einen Pappteller gießen. Den Schwamm leicht eintauchen und zwischen den Klebstreifen auf die Wand tupfen.

3 Die Randschablone auf das erste Quadrat legen; grün ausmalen. Die Schablone auf das nächste Quadrat rechts rücken und schablonieren. Restliche Quadrate gleich erstellen.

4 Mit Hilfe der waagrechten Streifen (die senkrechten abkleben) das Randdekor zwischen den Quadraten schablonieren; Mittelraute fertigen. Gesamten Fries so vorbereiten.

Alle Schablonen für diese Entwürfe auf 250 Prozent vergrößern (siehe S. 18/19).

Beim Abzeichnen der Schablonenvorlage für das Tiermotiv die beiden Teile entlang der gestrichelten Linie zusammenfügen. Für die Spielzeugtruhe wird das Motiv anderthalbmal aneinandergesetzt, um die nötige Breite zu erzielen.

Tiermotiv

5 Sind alle vier Wände vorbereitet, mit der Blütenschablone eine türkisfarbene Blüte in ein grünes Quadrat malen. Die Schablone noch nicht entfernen.

6 Ist das Türkis trocken, die Schablone mit dem Zentralmotiv der Blüte exakt auflegen, Blütenzentrum hellblau ausmalen. Übrige Quadrate genauso fertigen.

7 Die Tierschablone zwischen die Quadrate plazieren. Mit Türkis ausmalen, dabei die Mitte der Tiere eher blaß kolorieren. Über den gesamten Fries wiederholen.

Tiermotive für die Spielzeugtruhe

8 Die Schablone abnehmen und den Tieren mit einem sehr feinen Pinsel hellblaue Augen malen. Um Ihr Werk vor Fingerabdrücken Ihrer Kleinen zu schützen, sollten Sie den ganzen Fries mit mattem Acryllack überziehen.

Für die Dekoration der Spielzeugtruhe können die Tiermotive auch einzeln verwendet werden. Fertigen Sie für jedes Tier eine eigene Schablone an.

Der quadratische Teil der Randschablone paßt exakt um das Blütenmotiv. Die restlichen waagrechten Streifen bilden Ober- und Unterkante des Tiermotivs. Die V-förmigen Enden der Streifen sind Teil der Rauten, die die Ecken des folgenden Quadrates schmücken.

Randschablone

Blütenmotiv

Zentraldekor für Blütenmotiv

Blüten für Wand und Lampenschirm

Wie von Hand einer Blumenfee verstreut, schmücken zarte Blüten ein romantisches Schlafzimmer sowie einen schlichten Lampenschirm. Das Muster basiert auf einer Morris-Tapete. Die filigrane Bordüre verschönert auch Fenster- und Türrahmen.

Bei diesem Muster säumt eine Bordüre, die über ein zartblaues Band schabloniert wurde, sämtliche Wände. Dazu kommen ein Zweigmotiv und vier verschiedene Blüten – ein violett-gelbes Stiefmütterchen, ein rosa-gelbes Gänseblümchen (beide hier abgebildet), eine violett-gelbe Aster und eine rosa-weiße Nelke (nächste Seite; großes Foto).

Die Inspiration zu diesem filigranen Blütendekor stammt von der Tapete *Powdered*, die William Morris 1874 für ein Schlafzimmer in Standen entwarf, ein von ihm ausgestattetes Haus in Sussex. Standen wurde von dem Architekten Philip Webb gebaut. Beim Original verteilen sich die Blüten vor einem Hintergrund aus Weidenzweigen, die hier durch kleine Weidenästchen repräsentiert sind. Die Bordüre basiert auf einem Muster, das sich durch das 1891 von J. H. Dearle entworfene Textildesign *Daffodil* zieht.

Bei diesem Dekor ist es wichtig, sich vor Arbeitsbeginn die genaue Plazierung der Motive zu überlegen. Die Blüten sind in einem Gittermuster angeordnet und möglichst abwechslungsreich verteilt. In die Mitte jedes (imaginären) Quadrates wird ein blauer Weidenzweig schabloniert. Messen Sie Ihre Wände aus, und entscheiden Sie, wie weit die Blumen auseinanderliegen sollen. Markieren Sie mit Hilfe von Wasserwaage und Lot die genauen Positionen. Vor dem Schablonieren der Bordüre wird im Abstand von 1,5 cm parallel zur Decke bzw. zur Fußbodenleiste ein 5 cm breiter hellblauer Streifen (siehe Seite 23) gezogen. Das Blau dazu mit Einlaßgrundierung verdünnen. Falls gewünscht, können Sie darauf auch einfach einen weiteren blauen Streifen malen und die blauen und rosa Ornamente weglassen.

Um nahe an der Decke arbeiten zu können, müssen Sie vermutlich den oberen Rand der Schablone umknicken. Das hat den Vorteil, daß Sie automatisch den richtigen Abstand halten. Gleichzeitig wird die angrenzende Fläche vor Spritzern geschützt. Bei schwierigen Ecken entweder die Schablone umbiegen oder eine kleinere zuschneiden, die nur einen Teil des Motivs enthält und sich leichter handhaben läßt.

Variieren Sie beim Mischen der Farben die Töne, damit Sie hellere und dunklere Schattierungen zur Verfügung haben. Etwas Malmittel macht die Blau- und Rosatöne geschmeidiger und verleiht ihnen eine gewisse Transparenz.

Die detaillierten Arbeitsschritte beschreiben die Schablonierung der Wandflächen; beim Dekorieren kleinerer Objekte, wie zum Beispiel eines Lampenschirms, ist die Vorgehensweise jedoch dieselbe.

SIE BRAUCHEN:

Malmittel (Acrylmedium)
Einlaßgrundierung
Acrylfarben:
Rosatöne: Kadmiumrot mittel, Weiß und Umbra natur – zusätzliches Weiß für die helleren Rosatöne
Blautöne: Kobaltblau, Umbra natur und Weiß – zusätzliches Weiß für die helleren Blautöne
Violett: Weiß, eventuell mit etwas Kobaltblau
Gelb: Neapelgelb und Weiß

1 Für die Bordüre die rosa Randschablone so plazieren, daß die Innenseiten der Rechtecke bündig an die Kanten des hellblauen Streifens stoßen. Falls nötig das obere Ende der Schablone umknicken. Alle Fenster rosa ausmalen. Dann die blaue Randschablone so anlegen, daß die Stege zwischen den Rechtecken genau über den rosa Rechtecken liegen. Alle Fenster in einem dunkleren Blau schablonieren.

2 Das violett-gelbe Stiefmütterchen erstellen: Blätter blau (in unterschiedlichen Tönen) und äußere Blütenblätter violett (zum Rand hin etwas dunkler) malen. In der Mitte gelb schablonieren, so daß die Farben verlaufen.

3 Die Schablone noch nicht entfernen. Nacheinander die ausgeschnittenen Mittelstücke (Hilfsschablonen) anlegen und mit dunklem Violett das »Gesicht« über den gelben Blütenblatt-Teilen schablonieren.

4 Die übrigen Blumen entsprechend schablonieren. Die Nelken nach Entfernen der Schablone hellrosa ausmalen (füllen). Einzelne Weidenzweige in mehreren Blautönen zwischen die Blumen schablonieren.

BLÜTENRASTER

Obwohl das Design auf einem Gittermuster basiert, läßt es sich leicht jeder Fläche anpassen – von großen Wänden bis hin zu Dachschrägen (Foto gegenüber).

EINZELNE BLÜTEN

Bei kleineren Objekten werden Ober- und Unterkante mit einem blauen Streifen verziert und anschließend ein oder zwei Blumenmotive in die Mitte schabloniert. Das Arbeiten auf gekrümmten Flächen wird einfacher, wenn Sie die Schablone gut fixieren und den Lampenschirm zwischen Kissen rutschfrei plazieren.

Alle Schablonen für diese Projekte auf 250 Prozent vergrößern (siehe Seite 18/19).

Die Bordüre wird mit zwei Schablonen angefertigt, eine weitere dient als Vorlage für den blauen Weidenzweig. Für jede der vier Blüten gibt es eine eigene Schablone, die jeweils beidseitig verwendet wird. Die ausgeschnittenen Blütenschablonen dienen ihrerseits als Hilfsschablonen zur Gestaltung der Blütenzentren.

Rosa Randschablone

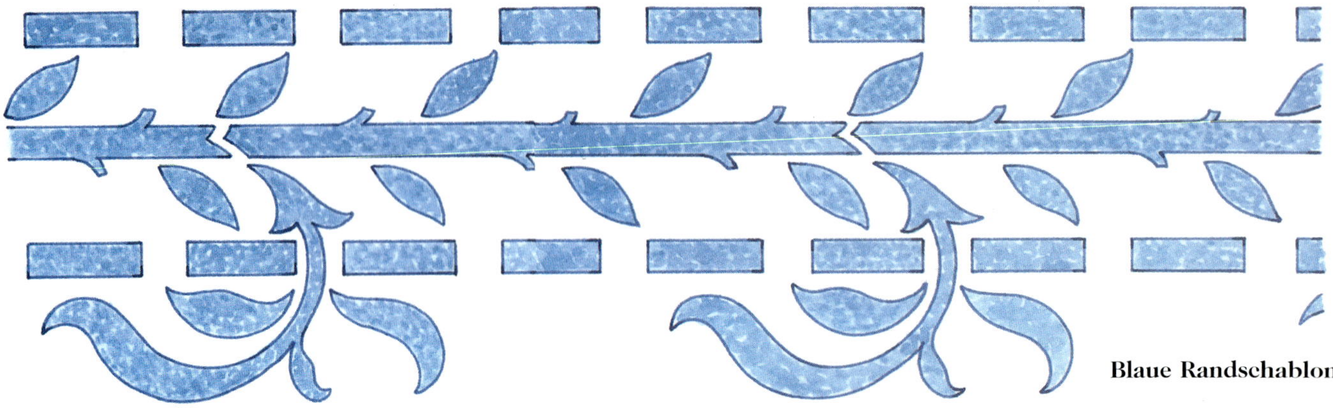

Blaue Randschablone

Violett-gelbe Aster

Blütenzentrum für Aster

Blattadern für Asterblätter

Hilfsschablone für Blütenbasis der rosa-weißen Nelke

Rosa-weiße Nelke

Rosa-gelbes Gänseblümchen

Blütenzentrum für Gänseblümchen

Blauer Weidenzweig

Violett-gelbes Stiefmütterchen

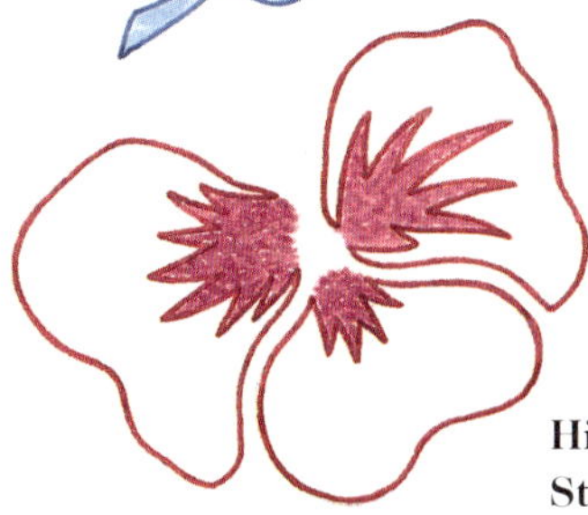

Hilfsschablone für Stiefmütterchen-blüte

Schränkchen und Matte mit Akanthus

Die warmen Farben und fließenden Ornamente dieses Motivs bringen Leben in jedes Bad – aber auch in Küche, Schlafzimmer oder Diele. Das Design basiert auf einem Voysey-Teppich und zeigt bewegte Akanthusblätter in Verbindung mit blühenden Vergißmeinnicht.

Schränkchen und Badezimmermatte sind in identischen Farben gehalten, die jedoch zwischen Motiv und Hintergrund wechseln: Die meisten Blätter der Matte weisen dasselbe Rotbraun auf wie das Schränkchen, dessen Blattmotive in Gelbbraun – der Grundfarbe der Matte – gemalt wurden (siehe großes Foto).

Als Vorlage für dieses Muster diente ein Teppich von C. F. A. Voysey. Der für seine eleganten Designs bekannte Künstler übte großen Einfluß auf die Arts-and-Crafts-Bewegung und den Jugendstil aus. Er arbeitete als Architekt und Designer und stattete sein Heim ausschließlich nach eigenen Entwürfen aus – inklusive Teppichen, Tapeten, Stoffen und Möbeln –, wobei meist stilisierte Blumen, Bäume und Tiere als Motive dienten.

Die hier gezeigte Badematte ist 115 x 175 cm groß. Bevor Sie den Stoff schablonieren, muß er gewaschen, gebügelt und zweimal weiß vorgestrichen werden (zwischendurch trocknen lassen). Tönen Sie danach die Grundierfarbe mit Ocker und Umbra natur (Acrylfarben) ab und tragen Sie diese honigbraune Farbe in einer dritten Schicht auf.

Ist die Farbe völlig trocken, wenden Sie den Stoff und schlagen ihn an allen vier Kanten 3 cm um. An den Ecken Dreiecke herausschneiden, damit der Stoff nicht aufträgt. Den umgeschlagenen Saum mit Latexklebstoff fixieren und flachdrücken. Sobald der Klebstoff trocken ist, können Sie mit dem Schablonieren beginnen.

Dieses Schränkchen war bereits rostrot lackiert. Sie können Ihres entsprechend streichen oder – zum Original passend – die Schablonierfarben ändern. Die Arbeitsanleitung bezieht sich auf die Matte. Eventuelle Abweichungen für die Verzierung des Schränkchens finden Sie auf Seite 101.

SIE BRAUCHEN:

Weißes Leinen
Weiße Grundierfarbe für den Stoff
Latexklebstoff
Acryllack (matt)
Acrylfarben:
Zum Abtönen der Grundierfarbe: Ocker und Umbra natur
Zum Tönen des Lackes: Umbra natur
Rot: Kadmiumrot, Oxidrot und Titanweiß
Gelb: Neapelgelb, Olivgrün und Ocker
Royalblau: Coelinblau und Titanweiß
Himmelblau: Kobaltblau und Titanweiß
Orange: Orange
Braun: gebrannte Umbra

1 Das Leinen färben und die Matte säumen. Ringsum im Abstand von 2, 4, 16, 18 und 19 cm vom Rand mit Bleistift Hilfslinien ziehen. Entsprechend der Abbildung zwischen den Linien einen roten und zwei gelbe Zierstreifen (je 2 cm breit) malen.

2 Mit der inneren Zierleistenschablone nach dem zweiten gelben Streifen einen royalblauen Strich malen. Dabei die Farbe an den Enden schwächer auftragen. Bevor die Farbe getrocknet ist, die Schablone verschieben und die Übergänge kaschieren.

3 Die Blatt-Blüten-Schablone für die Bordüre in der rechten unteren Ecke so anlegen, daß die Blattspitzen beide gelben Streifen überlappen. Nicht benötigte Schablonenfenster abdecken. Zwei große Blätter rot ausmalen und danach an den Rändern braun schattieren, damit das Muster etwas Tiefe erhält.

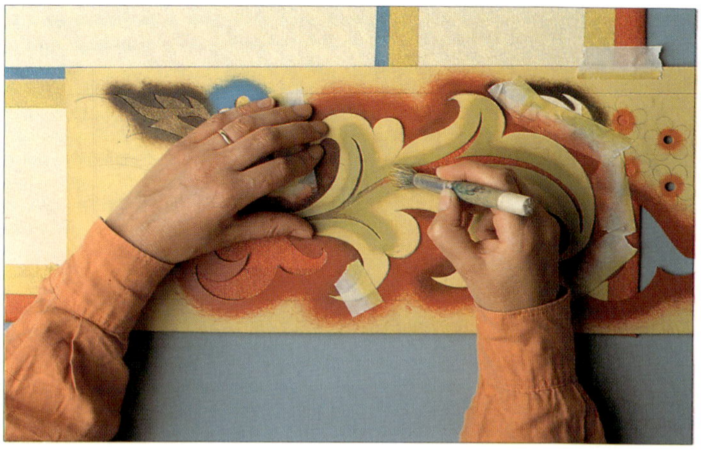

4 Das kleine Blatt links der Blüten in Braun schablonieren. Die Schablone noch nicht entfernen. Die Hilfsschablone für die Blattadern exakt über das große Blatt legen, aus dem sie ausgeschnitten wurde. Mit Kreppband fixieren. Nun die Blattadern des großen Blattes in Gelb schablonieren.

5 Hilfsschablone und Abdeckung entfernen. Fenster nahe den Blüten abdecken. Die Vergißmeinnicht-Blüten blau ausmalen: einige Blüten mit nur einem Blauton, die restlichen mit Übergängen von Himmel- zu Royalblau.

6 An den abgedeckten Stellen das Klebeband entfernen. Die Schablone nach links verschieben, bis die Löcher für die Blütenzentren genau über den Blüten liegen. Blütenzentren in Orange ausmalen.

7 Bordürenrand fertigstellen. Damit die Motive symmetrisch liegen, die Ecken mit zusätzlichen Blüten und falls nötig dem Eckmotiv füllen. Dann die Blatt-Blüten-Schablone für die Zentralfläche positionieren.

8 Untere Blätter rot, Blüten himmel- und royalblau (gemischt; Schritt 5) und obere Blätter gelb schablonieren. Mit Braun die Unterkanten der roten Blätter dunkler schattieren und die gelben Blätter damit abtönen.

9 Die Blatt-Blüten-Schablone durch die Stengel-Blütenzentren-Schablone ersetzen. Sie muß deckungsgleich aufgelegt werden. Blütenzentren orange, Blütenstengel braun und Blattadern gelb ausmalen.

10 Rest der Matte ausmalen. Sie können auch erst die gesamte Fläche mit der ersten Schablone (Schritt 8) schmücken und dann durchgehend die zweite (Schritt 9) verwenden. Mit drei Lagen Acryllack versiegeln.

Dieses Design wird vom Akanthusblatt dominiert, ein seit der Antike beliebtes Ornament, das die Arts-and-Crafts-Künstler gerne einsetzten. Der Eindruck fließender Bewegtheit wird dadurch verstärkt, daß die roten Blattspitzen über die gelben Randstreifen hinausreichen.

Vor der Arbeit an dem Schränkchen die Griffe entfernen und die Oberfläche mit feinem Sandpapier anrauhen. Die Kanten mit einem schmalen blauen Zierstreifen schmücken. Dann das Hauptmotiv des Schränkchens auf beide Türen auftragen. Zwischendurch die Schablone wenden, damit das symmetrische Muster entsteht. Blätter und Blütenzentren gelb, Blütenblätter blau ausmalen. Zuletzt die untere Schrankleiste mit dem kleinen Blattmotiv in Gelb dekorieren und alles mit Polyurethanlack versiegeln.

Schablonen für dieses Dessin auf 200 Prozent vergrößern (siehe Seite 18/19).

Die Randbordüre der Matte wird mit einer Blatt-Blüten-Randschablone, einer Schablone für die Blattadern, einer für die innere blaue Zierleiste und eventuell einem kleinen Eckmotiv gefertigt. Für das Innere gibt es zwei Schablonen – eine für Blätter und Blüten, eine für Stengel und Blütenzentren. Das Schränkchen wird mit einer beidseitig verwendbaren Schablone und einem kleinen Blattmotiv für die untere Schrankleiste verziert.

Blatt-Blüten-Schablone für Zentralfläche der Matte

Stengel-Blütenzentren-Schablone für Zentralfläche der Matte

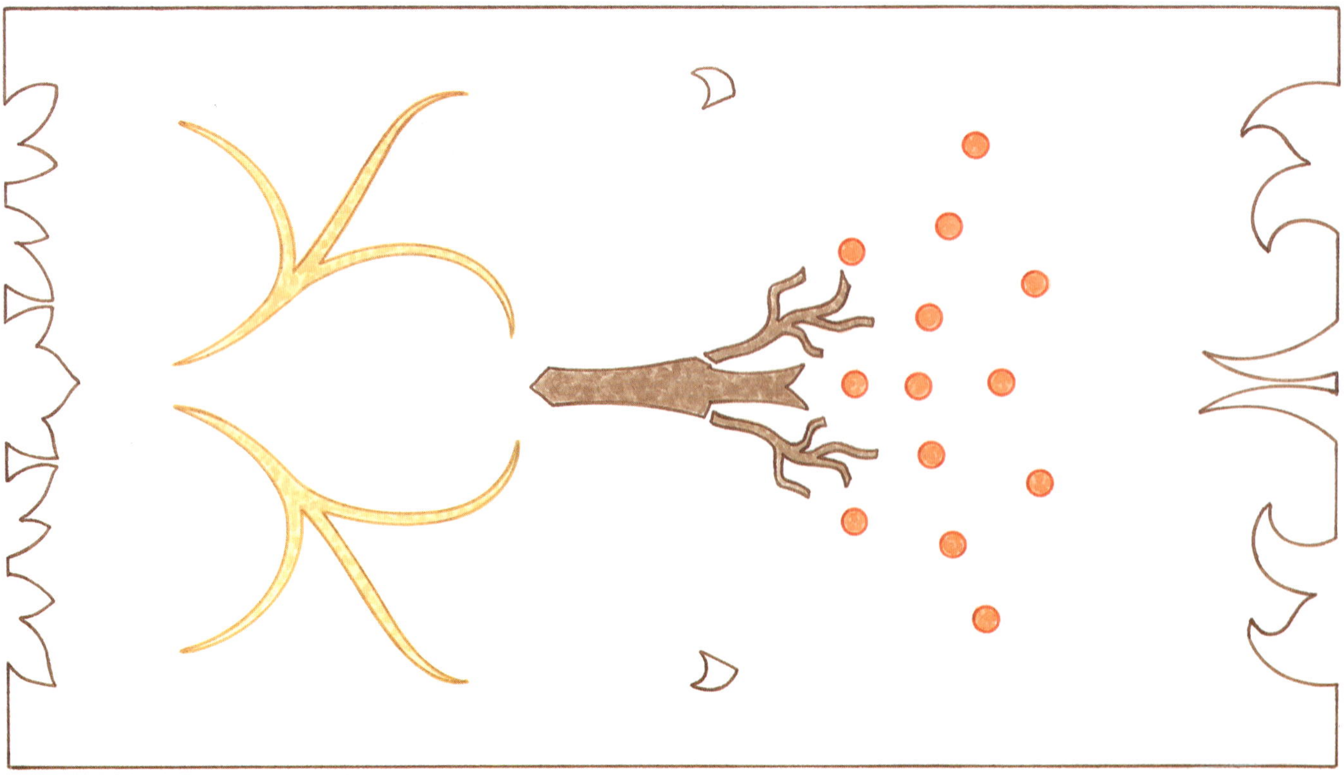

Blatt-Blüten-Schablone für Mattenbordüre

Innere Zierleiste für Mattenbordüre

Eckmotiv für Mattenbordüre

Hilfsschablone für Blattadern: Großes Bordürenblatt (oben) und Bordüreneckblatt (links)

Hauptmotiv für Schränkchen

Motiv für untere Schrankleiste

Badewannenverkleidung »Kamelie«

Hier wurde eine schlichte Badewannenverkleidung zum dekorativen Blickfang. Basierend auf einem Entwurf einer Anrichte Philip Webbs, enthält jedes Kassettenfeld einen Topf mit blühenden Kamelien, während die Umrahmung mit Blattwerk und Blüten geschmückt ist.

Subtile Schattierung und Farben, die an Edelsteine erinnern, sind der Schlüssel zur erfolgreichen Arbeit. So zart ist die Schattierung, daß man sie kaum wahrnimmt – doch verleiht gerade sie dem Ganzen Tiefe und eine besondere Eleganz.

Kräftige Rot-, Blau- und Türkistöne heben sich hier vor einem meergrünen Hintergrund ab. Das Design ist einer kunstvoll bemalten, mit vergoldeten Lederpaneelen geschmückten Anrichte abgeschaut, zu der Philip Webb möglicherweise durch chinesische Lackarbeiten inspiriert wurde. Jedenfalls zählte der 1862 entworfene Schrank zu den meistverkauften Entwürfen der Morris-Werkstätten.

In unserer Anleitung sind die Schablonen für 48 x 27,5 cm große Paneele und 10 cm breite Zwischenräume bemessen. Das Feld an der Kopfseite der Wannenverkleidung ist 65 cm breit, weshalb dort zusätzliche Blätter eingefügt wurden. Sie können die Vorlagen natürlich vergrößern oder verkleinern. Einfacher ist es jedoch, mit schlichten Motiven zu beginnen und dann weitere Formen dazuzunehmen.

In unserem Beispiel wurden einzelne Motive aus der Bordüre zusätzlich als Wandschmuck eingesetzt.

SIE BRAUCHEN:

Dispersionfarbe in zwei Blaugrünschattierungen
Malmittel (falls gewünscht)
Polyurethanlack (matt)
Acrylfarben:
Dunkelrot: Violett (lasierend), Oxidrot und Neapelgelb
Blau: Ultramarinblau, Weiß, etwas Siena natur und etwas Umbra natur
Türkis: Turmalingrün und Coelinblau
Gelb: Neapelgelb

1 Wannenverkleidung streichen: die Kassettenrahmen mit der hellen blaugrünen Dispersionsfarbe, den Rest mit dem dunkleren Ton. Trocknen lassen. Die Hauptschablone in ein Feld einpassen, dabei die Ränder umknicken, bis sie exakt sitzt; festkleben. Den Topf vorsichtig dunkelrot schablonieren (Farbe an den Rändern kräftiger auftragen).

2 Das ausgeschnittene Teil (Hilfsschablone) wieder in die Topfform einsetzen und mit Kreppband festkleben. In der Nähe liegende Fenster abdecken und dann mit Blau über das Dunkelrot gehen. Auch bei diesem Schritt den nunmehr gemusterten Topf am Rand intensiver kolorieren.

3 Blätter und Stengel türkis schablonieren. Einige Blätter insgesamt in einem etwas dunkleren Türkis färben, andere nur an einer Seite etwas abtönen – das verleiht zusätzliche Tiefe. Setzen Sie diesen Kunstgriff aber nicht zu häufig und auf keinen Fall regelmäßig ein, sonst geht der Effekt wieder verloren.

4 Die Blüten in Blau ausmalen. Bei den drei mittleren Blüten jedoch das Zentrum freilassen, so daß das Meerblau der Grundfarbe durchscheint. Die Blüten am oberen Rand werden durchgehend blau schabloniert. Mit etwas extra Blau die geschwungenen Griffe und die Basis des Blumentopfes schattieren.

Blütenborte

5 Die Blüten sachte schattieren – dazu mit sehr, sehr wenig Dunkelrot über das Blau gehen, aber wirklich nur die äußersten Ränder der Blütenblätter kolorieren. Der gewünschte Effekt wird nur bei minimalem Farbeinsatz erzielt. (Bei schlichteren Designs wird auf diese subtile Schattierung ganz verzichtet).

6 Hilfsschablone für die Blütenzentren mit den Fingerspitzen festhalten und durch den ausgeschnittenen Kreis die Zentren der drei Hauptblüten gelb schablonieren. Dann die ganze Schablone abnehmen. Die restlichen Kassetten ebenso anfertigen; sie müssen nicht absolut identisch ausfallen.

7 Mit der Blütenbortenschablone die senkrechten Zierleisten neben den Kassettenfeldern erstellen. Auch hier die Schablonenkanten umknicken, damit die Schablone genau zwischen die Paneele paßt und die Ränder vor Farbspritzern geschützt sind. Die Blüten abwechselnd türkis und dunkelrot ausmalen.

8 Zuletzt mit der Blattbortenschablone die Schmuckleisten ober- und unterhalb der Paneele gestalten. Blätter in hellem und dunklerem Türkis ausmalen (siehe Schritt 3). Die drei Punkte dunkelrot schablonieren. Ist alles trocken, zwei Schichten Polyurethanlack auftragen.

Blattborte

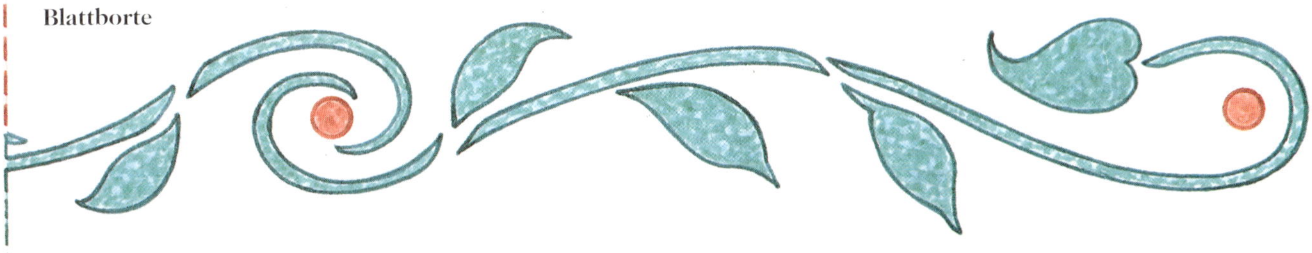

Alle Schablonen für dieses Design auf 167 Prozent vergrößern (siehe Seite 18/19).

Hauptmotiv für Kassettenfelder

Kassettenfelder mit einer Schablone erstellen. Ausgeschnittene Fenster für Topf und Blüten als Hilfsschablonen verwenden: Aus dem Blütenzentrum einen kleinen Kreis schneiden und den Topf nach der Vorlage dekorieren. Zwei weitere Schablonen ergeben die Zierborten zwischen den Kassettenfeldern bzw. ober- und unterhalb der Paneele. Die Schablonen werden entlang den gestrichelten Linien zusammengesetzt.

Hilfsschablone für Blumentopfmotiv

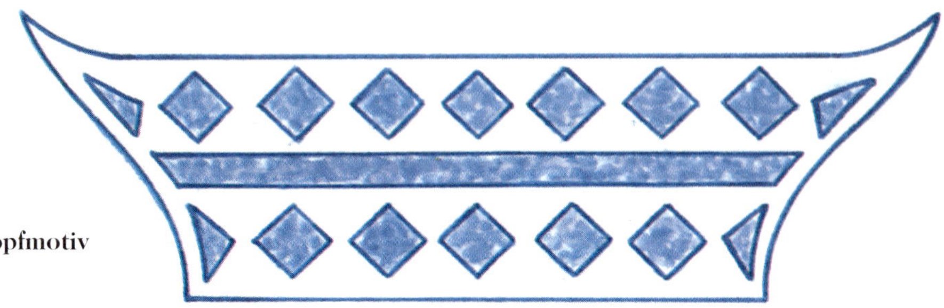

GARTEN UND TERRASSE

Das Gestalten mit Schablonen ist keineswegs auf Innenräume beschränkt. Auch Balkon, Terrasse und Garten bieten eine Vielzahl kreativer Möglichkeiten für diese Dekorationsform. Einfache, aber effektvolle Muster wie das stilisierte Eichenblatt auf dem Pflanzenkübel (Seite 123–125) harmonieren wunderbar mit den vielfältigen Formen und Farben der Natur. Ganz in Brauntönen gehalten, paßt der Kübel ebensogut zu Blüh- wie zu Grünpflanzen. Die hölzerne Gartenbank (Seite 112–116) dagegen präsentiert ein typisches Arts-and-Crafts-Design, das, in kräftigen Farben gemalt, jede schattige Ecke belebt. Beide Objekte sind mit wasserfesten Farben auf Ölbasis gefertigt, die auch feuchter Witterung standhalten. Dieser Aspekt spielt bei dem Regiestuhl (Seite 120–122) und dem Dekokorb (Seite 117–119), die nur bei schönem Wetter benutzt werden, keine Rolle. Selbstverständlich können Sie noch viele weitere Gartenobjekte mit Schablonenmalerei schmücken – Blumenkästen, Liegestühle, Klappstühle, Sonnenschirme und sogar die Tür Ihres Gartenhäuschens. Lassen Sie Ihrer Phantasie freien Lauf!

Gartenbankdekor »Kaninchen«

Tier- und Pflanzenmotive der Arts-and-Crafts-Bewegung sind in dieser Gartenbank aufs schönste vereint. Die Kaninchen basieren auf dem Morris-Stoff Brother Rabbit. *Die Stachelschweine an der vorderen Sitzkante entstammen einem Schrankentwurf von William Burges.*

Während sich die Kaninchen kauernd zwischen dem Blattwerk zu verbergen suchen, marschieren die Stachelschweine (siehe großes Foto) ganz forsch im Gänsemarsch. Die beiden Motive sind zwar von völlig verschiedenen Objekten abgeleitet, sich im Stil jedoch sehr ähnlich und harmonieren deshalb auch besonders reizvoll miteinander.

William Morris' Stoffmuster *Brother Rabbit*, auf dem dieses Schablonendesign basiert, war Morris' Huldigung an das 1879 in den Vereinigten Staaten erschienene Kinderbuch *Brer Rabbit*, das sofort zum Bestseller avancierte und bei sämtlichen Mitgliedern der Familie Morris wahre Begeisterungsstürme entfachte.

Das Stoffdesign wurde 1882 gedruckt, zuerst in Indigoblau und später auch in einem warmen Dunkelrot – eben den beiden Farben, die ich für mein Schablonenmotiv gewählt habe.

Das Kaninchen, das in dem Dessin ständig wiederkehrt, stammt genaugenommen von Philip Webb, der viele Tiere für Morris-Entwürfe zeichnete. Der berühmte Architekt und Designer Webb, der Morris' Firma jahrzehntelang nahestand, besaß ein angeborenes Talent für Tierdarstellungen. »Um Tiere zeichnen zu können«, erklärte er einmal, »muß man sie verstehen. Man muß sich ganz in sie hineinversetzen können.«

Auch William Burges, der den Schrank entwarf, von dem ich die Stachelschweinparade abgeschaut habe, arbeitete als Architekt und Designer. Als führender Vertreter des »Gothic Revival« legte Burges eine Vorliebe für farbenfrohe, üppig dekorierte Möbel an den Tag, die sich eng an mittelalterliche Vorlagen anlehnten. Burges war ein hervorragender Kenner der Kunst des Mittelalters, und auch unser Stachelschweinmotiv geht auf diese Epoche zurück. Der kunstvoll bemalte Burges-Schrank ist übrigens im William Morris Room des Victoria & Albert Museum in London zu bewundern.

Die Schablone eignet sich ideal für lange, gerade Flächen – wie bei unserer Gartenbank. Das Kaninchen macht sich jedoch auch als Einzelmotiv auf einem Kissen oder Beistelltisch sehr dekorativ. Die Stachelschweinparade könnte ebenso über eine Regalfront laufen, und solo passen die stacheligen Kerlchen auch auf Schmuckkästchen, Notizbuch und Tablett.

Vielleicht müssen Sie die Schablonen für Ihr Objekt passend vergrößern oder verkleinern, bei den Stachelschweinen läßt sich auch der Abstand variieren.

Mischen Sie etwas Malmittel unter die Farben – unter das Rot weniger als unter das Blau. Dadurch wird die Konsistenz geschmeidiger.

SIE BRAUCHEN:

Witterungsbeständige Grundierfarbe in Gelb
Malmittel (Acrylmedium)
Bootslack
Plakatfarben:
Blau: Ultramarinblau, Preußischblau, Paynesgrau und Weiß
Rot: Karmesinrot, Oxidrot, Ultramarinblau und Weiß

1 Die Gartenbank zweimal mit der gelben Grundierfarbe streichen. Rückenlehne ausmessen und mit Bleistift die Ansatzstellen für das Rapportmuster anzeichnen. Die Kaninchenschablone an einer Seite auch an der Armlehne befestigen. Für das filigrane Muster eignet sich Sprühkleber (nur im Freien verwenden), der die Schablonenrückseite fixiert.

2 Die ausgeschnittenen Teile der Kaninchenschablone dienen zum Abdecken, während die umliegenden Blätter schabloniert werden. Die Karnickel wieder paßgenau aufsetzen und festkleben – oder mit einer Hand festhalten. Die Blätter blau ausmalen, dabei den Farbauftrag zu den Rändern hin abschwächen.

3 Die Kaninchenabdeckung entfernen, die Schablone aber an Ort und Stelle lassen. Sobald die blaue Farbe trocken ist, mit einem zweiten Pinsel die Blattränder rot übermalen. Dann mit dem blauen Pinsel die Farbübergänge verschönern. Jedoch keine neue blaue Farbe aufnehmen, die am Pinsel verbliebene reicht völlig.

4 Mit dem roten Schablonierpinsel beide Karnickel rot ausmalen. Wurde kein Sprühkleber benutzt, muß die Schablone während der Arbeit mit den Fingern angedrückt werden. Vorsichtig schablonieren, damit keine Farbe unter die Schablone rinnt, aber alle Fensterteile ausgemalt werden. Malmittel macht die Farbe geschmeidiger.

5 Mit der Hilfsschablone für den Kaninchenkopf jedem Karnickel ein blaues Auge malen. Dafür denselben blauen Pinsel verwenden wie für die Blätter. Das Blau wird über das Rot schabloniert. Damit die Farbe richtig deckt, müssen zwei blaue Schichten aufgetragen werden.

6 Die Stachelschweinschablone an die Vorderkante der Sitzfläche kleben und die Tiere blau kolorieren. Das halbe Stachelschwein am Schablonenende immer nur ansatzweise ausmalen und so beim Verschieben der Schablone als Plazierungshilfe benutzen. Eventuell Augen und Ohren mit der Hilfsschablone rot färben.

7 Ober- und unterhalb der Stachelschweinparade rote Zierstreifen malen. Hier sind die Striche freihändig gezogen, weil das Holz schon die Linienführung vorgibt. Hat Ihre Bank keine oder andere Profile oder Leisten, müssen Führungslinien mit Bleistift bzw. Klebeband (siehe Seite 23) gezogen werden.

8 Mit der Blattschablone blaue Blätter auf die Sitzfläche kolorieren. Sie ist eine vereinfachte Form aus der Kaninchenschablone, die nicht rot umrandet werden muß. Die Blätter sollen willkürlich verstreut wirken. Deshalb die Schablone ungleichmäßig anlegen und ab und zu wenden.

9 Dieselbe Schablone der Länge nach auf die Armlehnen legen. Festkleben und ebenso wie die Blätter auf der Sitzfläche blau schablonieren. Schablone umdrehen und die zweite Armlehne gespiegelt erstellen. Zuletzt die ganze Gartenbank mit zwei Schichten Bootslack gegen Witterungseinflüsse schützen.

Alle Schablonen für dieses Objekt auf 167 Prozent vergrößern (siehe Seite 18/19).

Kaninchenmotiv

Bei diesem Design wird mit einem Kaninchenmotiv und der beim Zuschneiden entstandenen Kaninchenkopf-Hilfsschablone gearbeitet. Die Stachelschweinschablone dient zur Verzierung der vorderen Sitzflächenkante. Falls gewünscht, können Sie in den ausgeschnittenen Teil Augen und Ohren einfügen und diese nachträglich aufschablonieren. Für die Sitzfläche und die Armlehnen verwenden Sie die Blattschablone.

Stachelschwein-schablone

Hilfsschablone für den Kaninchenkopf

Hilfsschablone für Stachelschweine

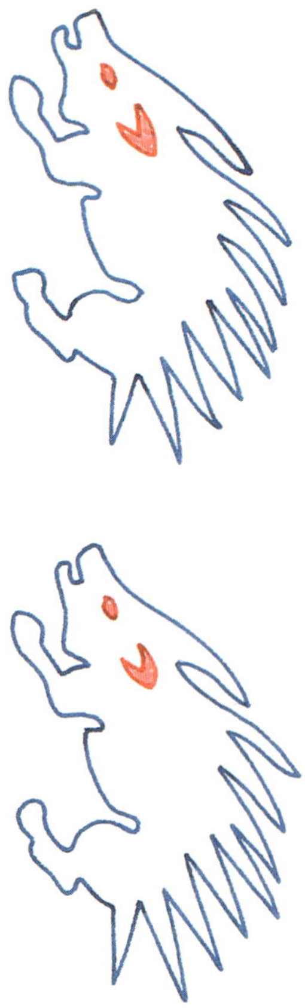

Blattschablone

Korb mit Schäfermotiv

Das nach der Bordüre eines Voysey-Teppichs gestaltete Motiv verwandelt jeden schlichten Gartenkorb in ein attraktives Designobjekt. Unser Schäfer unterscheidet sich kaum von dem der Originalvorlage.

Voyseys Schäfer – ausgestattet mit Krummstab, Pfeife, Mantel und Stiefeln – ist ideal für ein Randdekor. Die Stege, die bei der Umwandlung in ein Schablonenmuster entstehen, heben diese Details zusätzlich hervor und betonen den rustikal-ländlichen Charakter des Motivs.

Die Bordüre, die die Inspiration zu diesem Schablonenmotiv lieferte, gehört zu einem Axminster-Teppich von C. F. A. Voysey, einem der führenden Architekten und Designer der Jahrhundertwende. Voysey taufte das Muster *Green Pastures* (Grüne Weiden). Es ist anzunehmen, daß er den 1896 gewebten Teppich auf der im selben Jahr stattfindenden Arts and Crafts Exhibition präsentierte.

Voyseys Entwürfe für Teppiche, Stoffe und Tapeten zeichnen sich durch originelle, sparsam eingesetzte Ornamentik aus. Für fortlaufende Muster und pastorale Themen scheint er eine besondere Vorliebe gehabt zu haben – möglicherweise deshalb, weil sie trotz scheinbarer rustikaler Schlichtheit starke Aussagekraft besitzen. Gleichzeitig ging er seine Themen derart leicht und frisch an, daß der Jugendstilmaler van de Velde Voyseys Frühwerk mit dem Satz huldigte: »Es war, als sei mit einem Male der Frühling hereingebrochen.«

Die Schäferkette, die hier den Korb schmückt, ist derjenigen auf dem Voysey-Teppich nicht unähnlich. Auch die Streifen um die Basis und auf dem Henkel des Korbes sind von den seitlichen Zierborten des Teppichs übernommen.

Sie können die Hirten auf jeden beliebigen Korb schablonieren, vorausgesetzt, er hat gerade Seitenwände aus Holz. Das pastorale Thema macht sich auch schön auf Gartentischdecken, Blumenkästen, Holzfensterläden oder einer Leinen-Einkaufstasche.

SIE BRAUCHEN:

Dispersionsfarbe in Himmelblau
Polyurethanlack (matt)
Acrylfarben:
Orange: Orange, sehr wenig Oxidrot und Weiß

1 Den ganzen Korb himmelblau streichen. Die Farbe kann direkt auf das Holz aufgetragen werden. Nach dem Trocknen die Oberkante von Hand orange kolorieren. Dann mit der Ein-Streifen-Schablone knapp unterhalb der Oberkante eine orange Zierleiste erstellen.

2 Nun kommt der untere Korbrand an die Reihe: Zuerst von Hand die Schnittkanten des Korbbodens orange streichen und dann parallel dazu einen Zierstreifen mit der Schablone anfertigen. Der Abstand zwischen den beiden Linien sollte genausogroß sein wie der zwischen oberem Zierstreifen und oberer Korbkante.

3 Die Position der Motive markieren. Schablone so festkleben, daß der Schäfer mit den Füßen knapp über der Linie steht. In Orange ausmalen, dann die Schablone neu anlegen und das nächste Motiv auftragen. In Henkelnähe muß die Schablone umgeknickt werden. Alle vier Korbwände fertigstellen.

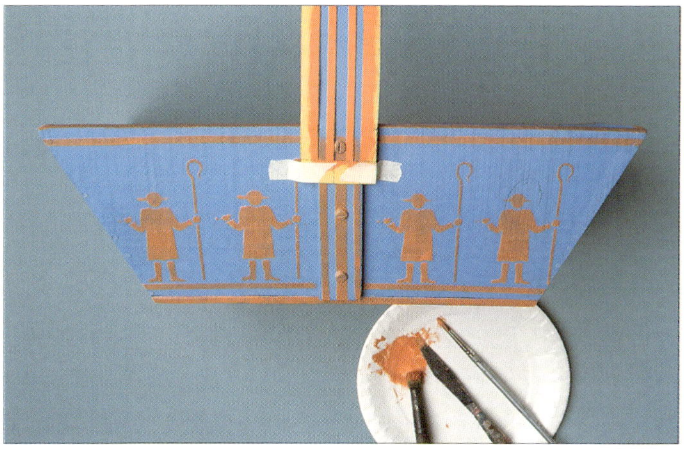

4 Zuletzt die Schablone mit den drei Streifen mittig am Henkel ausrichten. Die drei Streifen wie auf Seite 23 beschrieben in Orange schablonieren: An den Enden weniger Farbe auftragen, dann die Schablone so weit verschieben, daß sich die Linien etwas überlappen. Nach dem Trocknen den ganzen Korb lackieren.

Alle Schablonen für dieses Design auf 167 Prozent vergrößern (siehe Seite 18/19).

Je nachdem, wie rustikal der Gartenkorb (Foto gegenüber) wirken soll, kann er vor dem Schablonieren in beliebiger Farbe gestrichen oder gebeizt werden. Natürlich kann er auch unbehandelt bleiben. Man kann den Korb auch für Strickzeug, oder – mit Tannen- und Kiefernzapfen gefüllt – als ausgefallenen Adventsschmuck benutzen.

Die Hauptschablone mit dem Hirten wird für alle Korbwände verwendet. Für die drei Streifen am Henkel sowie die Zierleisten am oberen und unteren Rand gibt es eigene Schablonen, die Kantenlinien werden jedoch von Hand gemalt.

Schäfermotiv

Schablone mit drei Streifen

Schablone mit einem Streifen

Tulpenbordüre für einen Regiestuhl

Dank eines einfachen, aber auffälligen Musters wie dieser Tulpenbordüre wird ein simpler Regiestuhl zum stilvollen Blickfang. Das Dekor ist einem Kacheldesign von William de Morgan abgeschaut, der damit ein islamisches Muster interpretierte.

Das stilisierte Tulpen-Rapportmuster, ein klassisches Randdekor von schlichter Eleganz, zieht die Blicke jedes Besuchers auf sich. Verzieren Sie passend zum Regiestuhl (siehe großes Foto) auch eine Tischdecke, oder setzen Sie die Borte im Haus ein – für Vorhänge oder als Schmuckleiste.

William de Morgan, der Schöpfer der Kachel, auf deren Design diese Bordüre basiert, war eng mit William Morris befreundet und übernahm auch viele Aufträge für Morris' Werkstätten – vor allem, wenn es um die Verzierung von Keramiken und Fliesen ging. Er ließ sich häufig von islamischen Ornamenten inspirieren. Auch diese Tulpenbordüre – sie ist einer türkischen Kachel nachempfunden – kann ihren orientalischen Ursprung nicht verleugnen. De Morgans großartiges Talent für stilisierte Tier- und Pflanzenmotive sowie kunstvoll verschlungene Muster machten ihn auch zu einem bedeutenden Wegbereiter des Jugendstils.

Obwohl der Arts-and-Crafts-Designer die Tulpenborte als Kachelmotiv entwarf, wirkt sie dank ihres zeitlosen Dekorationswertes auch heute noch aktuell. Besonders gut paßt sie zu schlichten, geraden Formen wie bei unserem Regiestuhl. Wählen Sie einen leuchtenden Grundstoff und schablonieren Sie das Muster einfarbig auf – so kommt es am effektvollsten zur Geltung.

Sitzfläche und Lehne werden gleich verziert. Markieren Sie die Mitte des Stoffstückes und schneiden Sie vier Papierstreifen in der Breite der fertigen Bordüre aus. Legen Sie rechts und links je einen Streifen an den Stoffrand und plazieren Sie die beiden restlichen dazwischen. Der Abstand zur Stoffmitte muß rechts und links identisch sein. Markieren Sie nun die Position der Streifen mit Schneiderkreide auf dem Stoff. Bei Acrylfarben geben Sie etwas Malmittel dazu, um die Verarbeitung auf Stoff zu erleichtern.

SIE BRAUCHEN:
Malmittel (bei Verwendung von Acrylfarben)
Schneiderkreide
Acrylfarben oder Stoffmalfarben:
Dunkelviolett: gebrannte Umbra, Violett (lasierend), Paynesgrau

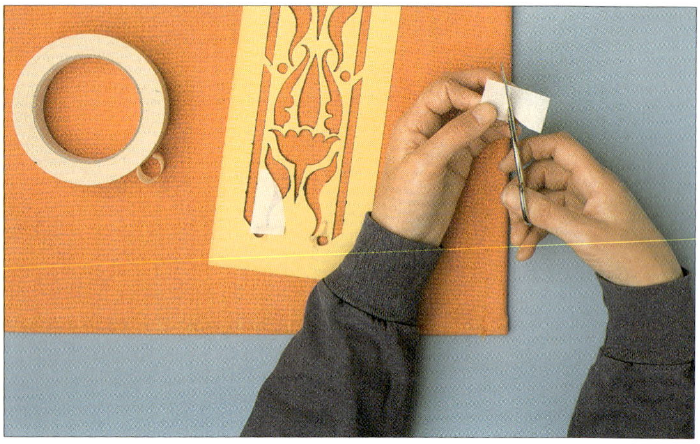

1 Sitzfläche und Rückenlehne vom Stuhlgestell lösen. Mit Schneiderkreide und Papierstreifen (in Größe der Borte) die Position der vier Bordüren markieren. Am Anfang der Bordüren eventuell die ersten Blätter etwas verkleinern oder zum Teil mit Klebeband abdecken. Dies hängt von der Stoffgröße ab.

2 Die Schablone bei der ersten Markierung auflegen und ankleben. Da bis zum Rand hin schabloniert wird, muß die Arbeitsfläche gut geschützt sein. Alle Fenster ausmalen, die Streifen wie auf Seite 23 beschrieben erstellen. Die Schablone so plazieren, daß neben die ersten Blätter zwei Punkte gemalt werden können.

3 Solange die Farbe noch feucht ist, die Streifenstege (eventuell – wie abgebildet – mit einer Hilfsschablone) der Zierstreifen auf beiden Seiten des Tulpenmotivs auffüllen. Wenn Sie dies tun, bevor die Farbe trocken ist, wirken die Streifen gleichmäßiger, und häßliche Übergänge werden vermieden.

4 Die Schablone an der Markierung für den nächsten Streifen anlegen; diesen wie in Schritt 2 und 3 beschrieben ausmalen. Vorsichtig vorgehen, damit die bereits schablonierte Bordüre nicht versehentlich verwischt wird. Auch hier die Übergänge der Randstreifenstege kolorieren, solange die Farbe noch feucht ist.

5 Die restlichen zwei Bordüren wie beschrieben anfertigen. Die Schablone nach dem Ausmalen immer vorsichtig abheben und nicht verrutschen. So werden Farbschmierer vermieden, die auf Textilien kaum zu entfernen sind. Ist es doch passiert, lassen Sie die Farbe trocknen und versuchen Sie sie später abzukratzen.

Tulpenbordüre

Die Schablone für dieses Design auf 167 Prozent vergrößern (siehe Seite 18/19).

Für die Bordüren auf Sitzfläche und Lehne des Regiestuhls wird dieselbe Schablone verwendet. Eventuell können Sie zusätzlich eine kleine Hilfsschablone für die Randstreifen anfertigen, mit der die Lücken zwischen diesen Streifen geschlossen werden. Dazu einfach einen Teilstreifen aus der Hauptschablone herauskopieren.

Pflanzenkübel mit Eichenblattornament

Ein Buntglasfenster in New York diente als Vorlage für dieses effektvolle Dekor, das in Graugrün und Terrakotta – zwei Farben der Natur – auf einen Holzpflanzenkübel schabloniert wurde. Rustikaler wirkt das Muster beispielsweise in Hellbeige auf Naturholz.

Das aparte Eichenblattmotiv ist in Terrakotta auf ein graugrün gestrichenes Holzgefäß schabloniert – ein dunklerer Braunton verleiht dem Ganzen zusätzliche Struktur. Die Kreise im Zentrum des Motivs wiederholen sich in den Ecken des Pflanzenkübels.

Das Eichenblattornament ist die Interpretation eines Kirchenglasfensters, das Charles Booth für die Calvary Church in New York entworfen haben soll. Mit dem englischen Glaskünstler Booth kamen die Ideen des Botanikers und Designtheoretikers Christopher Dresser nach Amerika, wo eine neue, stark vom Arts and Crafts Movement beeinflußte kunsthandwerkliche Bewegung im Entstehen begriffen war.

Das hier gewählte Motiv illustriert die Vorliebe von Booth und Dresser für klare geometrische Formen. Der schmucklose Umriß und die stilisierten Pflanzen sind wie geschaffen für ein Schablonenmotiv und zur Dekoration eines quadratischen Pflanzenkübels geradezu ideal – obwohl sie sich auch als Fußbodenschmuck auf massiven Holzdielen gut machen.

Die Farbe sollte relativ dickflüssig sein; für unser Beispiel wurden schnell trocknende Plakatfarben benutzt, die auch Feuchtigkeit vertragen, ohne gleich Schaden zu nehmen. Wenn Sie Ihr Werk hinterher lackieren – was darüber hinaus die Intensität der warmen Brauntöne verstärkt –, können Sie aber auch Acrylfarben verwenden.

Am besten bewährt hat sich Bootslack, der besonders haltbar ist, aber auch matter Polyurethanlack leistet gute Dienste. Plakatfarben ohne Lacküberzug verwittern mit der Zeit und bilden interessante Strukturen.

SIE BRAUCHEN:
Witterungsbeständige Grundierfarbe in dunklem Graugrün (wenn möglich mit mattem Finish)
Bootslack oder Polyurethanlack (falls gewünscht)
Plakatfarben oder Acrylfarben:
Helles Terrakotta: Siena natur, gebrannte Siena und Neapelgelb
Dunkles Terrakotta: Siena natur, etwas mehr gebrannte Siena und Neapelgelb

1 Den Pflanzenkübel mit graugrüner Farbe streichen. Das Motiv entsprechend der Kübelgröße an einem Kopiergerät vergrößern oder verkleinern. Die Schablone mit einem so breiten Rand zuschneiden, daß der Karton an den Seiten umgeknickt werden kann. Schablone passend einsetzen und festkleben.

2 Der Pinsel muß fast trocken, die Farbe dickflüssig sein. Mit kreisförmigen Bewegungen alle Fenster in hellem Terrakotta ausmalen. Die Farbe relativ dick auftragen. Vielleicht ist sogar eine zweite Schicht nötig, um das dunkle Graugrün zu überdecken.

3 Sobald die Farbe trocken ist, vorsichtig etwas von dem dunklen Terrakotta auftupfen – den Pinsel senkrecht halten und nur Stupfbewegungen machen, keine fließende Pinselführung. Die Oberfläche soll nur an einigen Stellen leicht überpudert, schattiert oder gesprenkelt wirken.

4 Für die Eckpunkte die kleine Kreisschablone so plazieren, daß der Punkt tatsächlich genau in der Mitte der Pfeiler liegt (Tip: Außenkante des Pfeilers auf der Schablone anzeichnen). Hellbraun ausmalen und dann etwas mit dem dunkleren Ton nachtupfen. Alle vier Ecken auf gleiche Weise fertigstellen.

Beide Schablonen für diesen Entwurf auf 167 Prozent vergrößern (siehe Seite 18/19).

Eichenblattmotiv

Die klare, markante Form des Eichenblattmotivs paßt ausgezeichnet zu dem massiven Holzgefäß. Ins passende Ambiente gesetzt, greift der Kübel die Naturtöne der graugrünen Margeritenblätter sowie des ziegelroten Mauerwerks und Kachelbodens auf (Foto gegenüber).

Das Eichenblattmotiv wird auf allen vier Seiten des Pflanzenkübels schabloniert. Die Kreisschablone ist für die vier Ecken jeder Seite bestimmt.

Kreisschablone

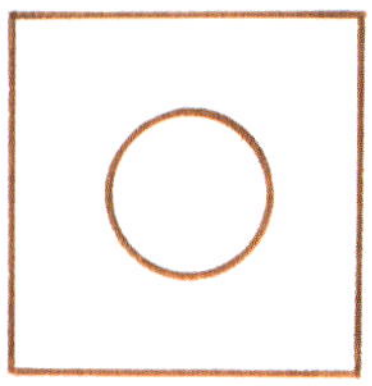

Register

Danksagung

Die Arbeit an diesem Buch hat mir sehr viel Freude bereitet – schon allein deshalb, weil ich mich noch intensiver mit William Morris beschäftigen konnte. Ein großartiges Team hat mich dabei tatkräftig unterstützt. Besonders herzlich danken möchte ich: Alison Wormleighton, die mich mit großer Ruhe und Geduld durch das Buch begleitet und meine hingekritzelten Notizen in lesbare Arbeitsanleitungen verwandelt hat; Lucinda Symons, die die wunderbaren Fotos gemacht hat, und Mary Morrison, die die Fototermine in höchst vergnügliche Stunden verwandelte; Lucy Elworthy hat die schönen Requisiten besorgt, Carol McCleeve wertvolle Entwürfe beigesteuert. Ebenfalls großen Dank schulde ich Steve Gott für seine herrlichen Sets, Sarah Hoggett für ihre ermutigenden Worte und Philippa Lewis, die nicht nur herausragende Recherchen geleistet, sondern mich auch zu diesem Buch »überredet« hat. Mein Dank gilt auch Andy Vargo für seine Hilfe und der Norwich Art School Library, die mir die Leihfrist für unschätzbare Bücher immer wieder verlängerte.

Darüber hinaus danke ich: Peter Heward von Classic Finishes, 150-162 King St, Norwich NR1 1QH, Tel: 01603-760374; Daler-Rowney Ltd, Bracknell Berks RG12 8ST; Liquitex UK, Binney & Smith Europe, Ampthill Rd, Bedford MK42 9RS, die die Farben für die Entwürfe zur Verfügung stellten. David Mann & Roger Belston, Stiffkey Lamp Shop, Stiffkey, Wells-next-the-Sea, Norfolk NR23 1AJ, Tel: 01328-830460, Richard Scott Antiques, 30 High St, Holt, Norfolk, und Geeta Maude Roxby machten mir die übrigen Hilfsmittel zugänglich. Vielen Dank.

Der Verlag dankt den folgenden Firmen und Personen aus Großbritannien, die Requisiten zu den Aufnahmen zur Verfügung stellten: Seite 28-29, 39 (Sessel und Kelim): George Smith, 587-589 Kings Road, London SW6 2EH, Tel: 0171-384 1004; Seite 31 (Garderobe, Tisch, Spiegel, Stuhl, Lampe, Vase): Zeitgeist, Kensington Church St, London W8; Seite 51 (Vorhangstange): The Bradley Collection, The Granary, Flowton Brook, Flowton, Suffolk, Tel: 01473-652651; Seite 51 (Stuhl): New Century, Tel: 0171-937 2410; Seite 51 (Arts-and-Crafts-Lampe): The Stiffkey Lamp Workshop, s. o.; Seite 55 (weißer Pflanzenständer, Terrakotta-Übertopf): The Chelsea Gardener, Tel: 0171-352 5656; Seite 80-81, 83 (Nachttische): Mary Maynard Antiques, Tel: 0171-731 3533; Seite 94 (Tagesdecke und Kissenbezug): Chelsea Textiles, Tel: 0171-584 1165; Seite 99 (Waschbecken, Armatur, Handtuchhalter, Übertopf): The Water Monopoly, 16-18 Lonsdale Road, London NW6 6RD, Tel: 0171-624 2636; Seite 104-105 (Badewanne, Armatur, Handtuchhalter): The Water Monopoly, s. o.

Mit Ausnahme der nachfolgend genannten wurden alle Fotografien für dieses Buch von Lucinda Symons für Collins & Brown Limited aufgenommen: Seite 6 und 12 (oben): Sammlung der Autorin; Seite 8 (rechts): Privatarchiv; Seite 10 (rechts): National Trust Picture Library; Seite 11 (oben): Victoria & Albert Museum, London; Seite 13 (unten): Christie's Images.